①核兵器として人類史上初めて核のエネルギーが解き放たれたトリニティ実験場の砂漠。その時の火球の写真がフェンスに飾られていた。（第３章）

②トリニティ実験場は年２回公開されている。核爆発の圧力で地面が盆のようにめり込んでいる（本文 47 ページ）

③核爆発の熱で溶けた鉱物が地表で固まった「トリニタイト」（本文 51 ページ）
④ロスアラモス国立研究所に展示されている初めての核実験で使われた核弾頭「ガジェット」の模型」（本文 58 ページ）

⑤ロスアラモス国立研究所全景。核開発という軍事機密保持のため隔絶された山中に開設された（本文 57 ページ）

⑥ 1961 年にメルトダウン事故を起こしたＳＬ―１の跡地（本文 156 ページ）
⑦ 1979 年にメルトダウン事故を起こしたスリーマイル島原発２号炉の冷却塔（本文 181 ページ）
⑧北側から見た福島第一原発（2012 年７月撮影）

# ヒロシマからフクシマへ
# 原発をめぐる不思議な旅

烏賀陽弘道

写真／トリニティ実験場の土産物屋（本文45頁）

# ヒロシマからフクシマへ　原発をめぐる不思議な旅　目次

## 3 核爆弾が生まれた砂漠



## 4 イタリアから来た男

The author extends deepest gratitude to the following persons for their kind help.

Ted Greenwood

Fred de Sousa

Alan Carr

Angela Y. Hardin

Yoon Il Chang

Ethan Huffman

Ray Smith

Emily Mitchell

Scott Portzline

Eric Epstein

Mary Osbourne

Yoshinori Ihara

Masatoshi Toyota

カバー・口絵・本文写真撮影＝鳥賀陽弘道

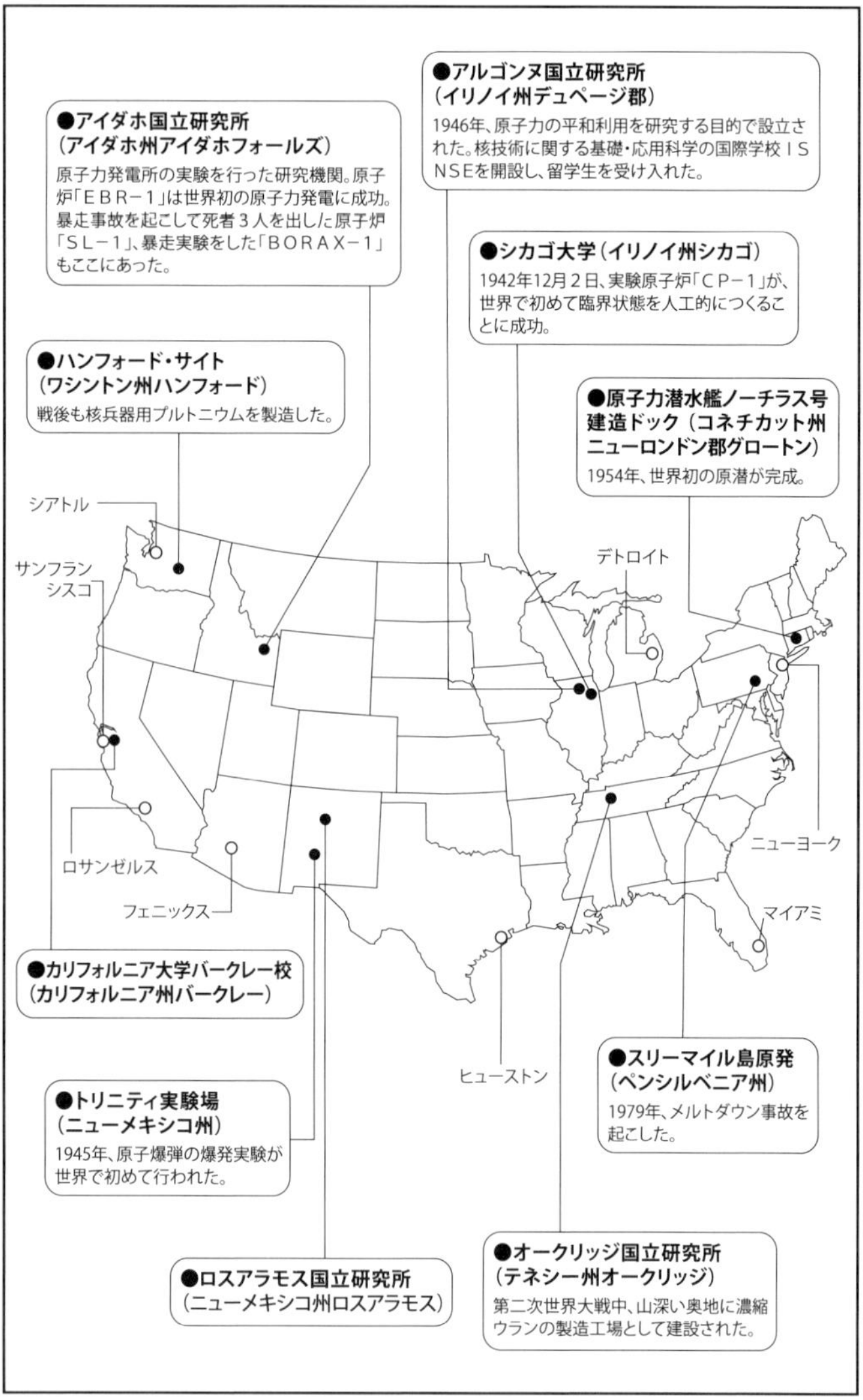
●アイダホ国立研究所
（アイダホ州アイダホフォールズ）
原子力発電所の実験を行った研究機関。原子炉「ＥＢＲ－１」は世界初の原子力発電に成功。暴走事故を起こして死者３人を出した原子炉「ＳＬ－１」、暴走実験をした「ＢＯＲＡＸ－１」もここにあった。
●アルゴンヌ国立研究所
（イリノイ州デュページ郡）

1946年、原子力の平和利用を研究する目的で設立された。核技術に関する基礎・応用科学の国際学校ＩＳＮＳＥを開設し、留学生を受け入れた。
●シカゴ大学（イリノイ州シカゴ）
1942年12月２日、実験原子炉「ＣＰ－１」が、世界で初めて臨界状態を人工的につくることに成功。
●ハンフォード・サイト
（ワシントン州ハンフォード）
戦後も核兵器用プルトニウムを製造した。
●原子力潜水艦ノーチラス号建造ドック（コネチカット州ニューロンドン郡グロートン）
1954年、世界初の原潜が完成。
シアトル
サンフランシスコ
デトロイト
ロサンゼルス
フェニックス
ニューヨーク
マイアミ
ヒューストン
●カリフォルニア大学バークレー校
（カリフォルニア州バークレー）
●スリーマイル島原発
（ペンシルベニア州）
1979年、メルトダウン事故を起こした。
●トリニティ実験場
（ニューメキシコ州）
1945年、原子爆弾の爆発実験が世界で初めて行われた。
●オークリッジ国立研究所
（テネシー州オークリッジ）
第二次世界大戦中、山深い奥地に濃縮ウランの製造工場として建設された。
●ロスアラモス国立研究所
（ニューメキシコ州ロスアラモス）

# 1　旅立つ前に

## なぜ、日本に原発があるのか？

福島第一原子力発電所が放射性物質をまき散らし、猛り狂っていた二〇一一年三月のことだ。私は東京から脱出しようかどうしようか悶々と悩み苦しんでいた。その脳裏に、ふとある疑問が降りてきた。

なぜ、どうして、日本に原子力発電所があるのだろう。

それはどこから湧いてきたのかわからない、唐突な問いだった。今さらそんなことを問うても詮のない、馬鹿馬鹿しい問いに思えた。その疑問にじっくり向き合う時間もないまま、私は津波で破壊された街や、一五万人を超える「原発難民」の取材に向かい、そのまま没頭することになった。そしてしばらく、その問いを頭の片隅の引き出しにしまっておいた。

しかし何度片付けても、気がつくとその問いは戻ってきた。席を外した机に置かれたメモのように、音もなく、ひそかに戻ってきた。そしてやがて、成仏しない霊が私に取り憑いたかのように、頭から離れなくなった。

その後何度も、放射能汚染で無人になった福島の市町村に取材に通った。人のいなくなった家や商店は、訪れるたびにどんどん色あせていった。町並みは雑草とかわらけの荒地に変わり果てていった。そして、そんな家々の向こうに、唐突に福島第一原発のスタック（排気塔）がそびえているのが目に入った。まるで都心から見る東京タワーのような至近距離に、それは立っていた。

そのとき、私は覚悟を決めた。私は答えを知らなければならないのだ。そして、それを人々に知らせなくてはいけないのだ。

なぜ、こんなものが、そこにあるのか。

この国に原発があることを知らなかったわけではない。点検中の原発を見学に訪れ、ふたを開けた原子炉を上から覗いたことすらある。チェルノブイリ事故が起きた一九八六年に新聞記者になった私は、後学のために原発や核に関する本を数冊は読んで資料として手元に置いていた。あまつさえ外国の学校で核兵器について勉強したことさえある。

フクシマの無人の荒野で私を撃ったのは、そんな幼稚な話ではない。

私自身の中にぽっかりと「空白」があることに気づいたのだ。自分の国の核・原子力の歴史について、あまりに自分が何も知らないことに気づいたのだ。

この国は世界で唯一、核兵器によって一般市民が殺戮された経験があり「官」も「民」

も声高にそれを自分の立ち位置として主張していたはずだ。ヒロシマとナガサキというカタカナでつづられる名前は、私たちの国にある都市である。それは「核技術が最悪の形を取ったときどうなるか」という記憶を私たちに焼き印のように残していったはずではなかったのか。

しかし私がフクシマ（あえてカタカナで表記する）で見たものは、「核技術の最悪の形」が、六六年後にもう一度再現されたという現実だった。ヒロシマやナガサキと地続きの国土で。核技術を誤って使えば、どんな最悪の結果が起きるか知っているはずの日本人の手で。

フクシマや東日本の国民の上に降ってきた放射性物質は、どう否定しようと、核兵器がまき散らすと信じられてきた「死の灰」そのものだった。「非核三原則」だ「核廃絶の願い」だと官民あげて絶叫してきたこの国では、そんなことは起こらないと誰もが信じていた。この国は「核アレルギー」とさえ言われたのではないか。なら一体どうして、その国に原発がつくられ、放射能を撒き散らすような最悪の姿にまで成り果てたのだろう。

私はその「ヒロシマとフクシマの間」の空白を埋めたいと思った。

そこには、自分自身の無知と無関心への罪悪感もあったと思う。三・一一が襲って来るまで、福島県に原発があることすら意識に上らなかった。「大事」だとはわかっているのだ。

が、それは多数の関心を引くこともない。大きな問題になる気配もない。長年それを追い続けている記者が多数いて、私があとから付け足すこともなさそうだった。「冤罪」や「在日米軍基地」や「都市ごみ」と等価の「とっつきにくい社会問題」のひとつにすぎなかった。

しかし福島第一原発事故は、そんな「傍観」を許してはくれなかった。記者として以前に、東京に暮らす市民の一人として、私は身辺に危険が迫るのを感じた。しかもそれは、生命の危険をふくめ「すべてを失うかもしれない」という恐怖を伴っていた。福島第一原発のそばで逃げ惑っていた福島の人々は「他者」ではなかった。自分と連続していた。偶然、福島には放射性降下物が降り、私の住む東京には降らなかった（降ったのかもしれないが）。彼我《ひが》を分けたのは、単なる偶然でしかない。

私は意を決した。「ヒロシマ」に核兵器が投下されたあと、その核技術が「フクシマ」に原発として立ち現れるまでの道のりを、調べてみよう。それも、文献で調べるのではなく、現場や当事者を訪ね歩いて調べてみよう。

ヒロシマとフクシマをつなぐ核技術の現場を、ひとつひとつ訪ね歩いてみよう。自分の目でそこの風景を見て、空気を吸い、匂いを嗅いで、音を聞いてみよう。そこで出会う人々と会話を重ねてみよう。フクシマの話をしてみよう。フクシマを見た記者を彼らがどう迎えるか、それも観察してみよう。

ある人物の伝記を書くとき、その故郷を訪ね家族や親戚、友人に会うのが常道であるように、私は「原発の生まれ故郷」を訪ねて取材しようと思ったのだ。「彼」の故郷の国に行って「彼」の親に会い「彼」を知る人々を訪ねて話を聞こうと思った。

そうやって訪問候補地をリストアップして、点を線で結ぶうちに、私はこの旅こそが「ヒロシマ」で生まれ落ちた「核」が「原子力発電」として日本にやってくる歴史をたどる道程になることに気づいた。

多少の手がかりはあった。核分裂の莫大なエネルギーを人工的につくり出し、実用化したのは第二次世界大戦中のアメリカである。そしてそれは「原子爆弾」つまり兵器として生まれた。それを「原子炉」という容器に閉じ込めてエンジンに使い始めたのもアメリカである。タービンを回して発電に使い始めたのもアメリカである。

つまり福島第一原発に使われている技術はアメリカが生まれ故郷なのだ。

そうやって約二ヶ月にわたって、私はアメリカ全土を歩いた。そのうちに、核兵器と原子力発電が、本当に双子の兄弟のように思えるようになった。双子だからあちこちが似ている。しかしよく見れば違う別の人格だ。しかしやっぱりどこか似ている。双子の兄弟は、そんなぐるぐる回りをする運命にある。先に生まれた兄は「兵器」という道を歩み、弟は「発電」という道を歩んだ。わが国は「兄」を拒絶し「弟」だけを養子に迎えた。

この本は、原発に無知だった、凡庸な市民の一人でしかなかった私による「原発の故郷訪問記」である。核技術の知識に関する限り、私は「専門家」からは程遠い。その限りなく一般市民に近い私を現場に置いてみて、何に驚き、何を発見するか、できるだけそのまま記録するようにした。自分の思考や感覚がどう変化するか、観察することにした。それをできるだけ素直に読者に報告することにした。

その結果がいま、みなさんの手の中にある『ヒロシマからフクシマへ』である。

# 2　日本に原発をもたらした父

## 日本原発史の生き証人、伊原義徳

私はまだ蒸し暑い東京にいる。ＪＲ新橋駅前の赤提灯と風俗店の間を汗だくで歩いた。昭和時代で時計が止まったようなビルにたどり着いた。入り口はわかりにくかった。原子力関係の団体名を書いた小さなプレートが出ていた。事務員に来意を告げると、パイプイスと会議机しかない殺風景な部屋に通された。

ブラインドをおろした会議室は薄暗く、ひんやりとしていた。蛍光灯から青白い光が降り注いでいた。

都心から電車で一時間以上かかる住宅街に住む老人に電話したとき、私は彼の家を訪ねるつもりでいた。ご高齢ですからご移動は大変でしょう。ご迷惑をかけたくありません。そう伝えた。

「いや、事務所でお目にかかりましょう」

かすれた、柔らかな声が告げた。

「毎週火曜日は出勤しておりますので」

明晰な話し方だった。出勤している？　まだ彼は現役なのか？　健康なのか？

そして私は、彼の指定した事務所にやってきた。

座って待つ間も、私はまだ半信半疑だった。そんな歴史の生き証人が本当にひょこひょこ眼前に現れるのだろうか。記憶は大丈夫なのか。ちゃんと話が聞けるのだろうか。

老人はまだ来ない。

戦後、日本に初めて原子力発電の技術をもたらした留学生がいた。海外旅行どころか、戦争に負け、経済は疲弊していた。そんな日本が「発展途上国」だった時代に、遠くアメリカで暮らし、本物の原子炉に触れながら学んだ。知識を日本に持ち帰った。そんなマルコ・ポーロのような人が実在する。

それを知ったとき、私は興奮した。その人こそ「日本の原子力発電の生みの親」ではないか。核技術でアメリカと日本を結んだ人。そんな人がいるのだ。

しかし、直接会って話を聞くのは無理だろうと思った。年数からいって、きっと死去しているに違いない。

だから、取材を積み重ねて、その二人のうち一人がまだ都内に健在でいることを知った時、驚いた。そして焦った。彼が留学したのは一九五五年、ほぼ六〇年前の話なのだ。歴史の本でしか見たことのないアイゼンハワーが大統領だった時代の話なのだ。元留学生も九十歳近い高齢のはずだ。早く探し出して会わないと、永久に話を聞けなくなってしまう。貴重な歴史の証言が埋もれてしまう。失礼ながら、そんなことを思った。

しかも福島第一原発事故以後、原子力関係者の口は重かった。取材を断られるかもしれない。必死の思いで手紙を書き、家に電話して、ここまでたどり着いたのだ。

じりじりしながら待っていると、ドアが開いて、白い半袖シャツの痩身の老人がスタスタと入ってきた。

「伊原《いはら》でございます」

にこりと微笑み、丁寧に頭を下げた。てきぱきと書類を机に置き、座った。かすかな関西訛があった。

その人が、アメリカ・イリノイ州にあるアルゴンヌ国立研究所に留学して原子力発電技術を学んだ最初の日本人留学生、伊原義徳《よしのり》だった。

リノリウムの床をふと見ると、グレイのズボンに白いジョギングシューズをはいている。

「俗に中曽根《なかそね》原子力予算と呼ばれるのがありまして、ええ。原子炉関連という名目で二億六〇〇〇万入っとりまして、原子炉築造費、後に原子炉調査費という名前になったのですが、一五〇〇万がウラン探査費、一〇〇〇万が原子炉資料収集費ですか、残りえっと、二億三五〇〇万がポンとついたのが、通商産業省（当時）の下の工業技術院の調査課で使うように、と言われまして、ええ。当時私はそこで係長をしておりまして、当時の課長が堀スミオと言いまして、純粋のジュンに太郎のロウと書くんですが、私はその下で原子力予算を担当するようにと言われまして、ええ。まず日本で研究炉を開く勉強会を開くとかですね」

背筋をぴんと伸ばした伊原は、書類を何も見ずに、六〇年近く前の予算の項目や金額、かかわった政治家や上司の名前をよどむことなく話した。

伊原義徳

伊原がアメリカに旅立ったのは、彼が三十歳だった時の話だ。共に留学した大《おお》山《やま》彰《あきら》（元東大名誉教授）は二〇〇九年に鬼籍に入っている。眼の前にいる伊原は八十九歳である。彼が三十歳だった時の姿を想像しようとして、あきらめた。

伊原の人生は日本の原子力発電の歴史そのものである。

一九二四年（大正十三年）神戸市に生まれた伊原は、神戸一中から旧制第三高等学校、東京工業大学に進んだ。絵に描いたような戦前エリートである。大学では電気工学を勉強した。そのころから発電が専門だった。そして一九四七年に商工省（当時）に入省した。

留学から帰国した後は、茨城県・東海村で日本初の実験原子炉ＪＲＲ―１の開発にかかわった。業績を買われ、科学技術庁で原子力安全局長から、官僚の最高ポストである事務次官に上り詰めた。一九七九年に退官後は日本原子力研究所理事長、日本原子力学会会長、原子力委員会委員長代理など原子力の要職を歴任した。

もうひとりの第一期留学生である大山彰は帰国後東大教授になり、教育と研究から原子力にかかわる。動力炉・核燃料開発事業団理事、原子力安全委員会委員、原子力委員会委員長代理と、やはり要職を歴任した。「学者」と「官僚」という「原子力政策」の二つのラインがここから始まっている。

私は途方に暮れた。目の前にいる伊原は、日本の核技術の育ての親なのだ。原発の歴史の生き証人なのだ。聞かなければならない話は山のようにあった。私の原子力技術史の知識は泣きたくなるほど乏しい。

時計の針を伊原が留学に出発した一九五五年に戻してみよう。そのころの世界は現在とは随分違う。「ソ連」を筆頭とする社会主義国「東側」が健在だった。アメリカは自由主義国「西側」唯一の超大国だった。隣の朝鮮半島を戦場にした米ソの代理戦争＝朝鮮戦争は二年前に終わっていた。世界は米ソ二大超大国が戦火を交えずに対立を続ける「冷戦」の時代に入っていた。

日本は一九五一年に締結されたサンフランシスコ講和条約で連合国による占領状態がやっと終わったばかりだ。終戦後、日本の非軍事化を目指していたアメリカの対日政策は冷戦の訪れで一八〇度転換した。そして隣国の朝鮮半島で武力衝突が起きた。自衛隊の前身である警察予備隊の設置が認められた。工業化と再軍備。日本は対共産主義陣営の防波堤としてアメリカの陣営に入っていった。

日本はまだ世界の中では「中ぐらいの国」あるいは「西側最後尾の国」だった。朝鮮戦争特需をきっかけとした高度経済成長はようやく離陸態勢に入ったばかりだ。一九五五年のGNP（名目）八兆六二二四億円はアメリカの一四三兆二八〇〇億円に遠く及ばないどころか、イギリス、フランス、西ドイツの半分前後しかなかった。

経済規模が小さいのだから、電力消費量も小さい。一九五五年の五三一億四三八八万K

Ｗｈ（キロワットアワー）は二〇一〇年一兆五六四億四〇六五万ＫＷｈの五％ほどでしかない。発電は水力が主力だった。火力が水力を追い越すのは一九六二年である。

まだ水力発電を火力へと転換するのに必死の時代に、どうして原子力発電を導入することにしたのだろう。よく見かける説は「高度成長で電力供給が需要に追いつかなくなった」だが。

「いえ、それはちがいます」

伊原はやわらかに言った。

「原子力の導入は、そういった短期的な電力需要とは関係がないのです。長期的に必要な新しい技術を導入したかったのです」

――なるほど。長期的な戦略上必要だったのですね。ならば、エネルギー自給率を上げたいという願望も政策立案者にはあったのですか。

「もちろんそうです。なにしろ日本は国産エネルギーは四％しかないのです。石油にせよ天然ガスにせよ、残り九六％は全部外国から買ってこなければならない」

「電力会社の発電という面から見ると、昭和三十年代は『固体から液体』（石炭から石油）へと移り変わる時代でした。石油や天然ガスを外国から買うとき、こちらが原子力もやっているとなると、価格交渉の点でバーゲニングパワーになるのです。『そんなに高いのなら買いません。原子力にします』と言えるでしょう？」

——石油だけに依存するとエネルギー供給が不安定だから、多様化してリスクを分散しようという考えだったのですか。

「いえ、そういう短期的な必要だけではないです。五〇年先、一〇〇年先を見ていたのです。当時はアメリカでもどんどん原発をつくって動かしていましたから。そういう世界の進歩に遅れを取ってはいけない。そういう考え方でしたね」

少しきわどい質問をした。伊原が留学するきっかけになった初めての原子力開発関連予算二億三五〇〇万円は「中曽根原子力予算」と呼ばれる。中曽根康弘《やすひろ》氏ら当時の保守系政治家の意向でできた予算案だったからだ。そうした背景は「彼らの胸中には将来の核兵器開発への布石、という意図があったのではないか」という憶測を今日まで引きずっている。政治家たちが期待していたものは何だったのだろう。それを聞いてみたかった。

「いえ」

やわらかく、しかしきっぱりと伊原は否定した。

「当時は軍事利用を考えていた人はいなかったと思います。世界の進歩に遅れてはならないという考えだったと思います」

――なぜそう思われるのですか。

「その前の年、中曽根さんはハーバード大学のサマーセミナーに参加されたんです。その帰りに寄られたサンフランシスコで嵯峨根遼吉《さがねりょうきち》先生（注：実験物理学者。長岡半太郎の五男）という核物理学者に会われたんです。嵯峨根先生はバークレー（サンフランシスコ郊外の街。カリフォルニア大学バークレー校がある）で加速器の研究をされていました。そこで先生は中曽根さんに『日本でも原子力の研究をせねばなりませんよ』と熱心に説かれたのです」

なるほど。伊原の話はこんなふうにひとつひとつ「根拠になる事実」がついている。

もうひとつの疑問は、一九五四年三月に「第五福竜丸《ふくりゅうまる》事件」が起きたことだ。アメリカのビキニ環礁での核実験で被曝した日本人漁師が死んだ事件である。世論は「反核」で沸騰していた。その中での留学である。押されて遅れが出たりしなかったのだろうか。

「それはありませんね」

また伊原はきっぱり否定した。

「そうした核兵器反対運動と核の平和利用は、まったくインディペンデント（別個）なものとしてあったのです」

伊原の表情は淡々と変わらない。さすがは事務次官まで務めた元エリート官僚である。こんな記者の質問をかわすことくらい慣れたものだろう。

### アメリカの国家戦略「核の平和利用」の名の下に

伊原がアメリカで学ぶきっかけになったのはアメリカの核戦略の大転換だった。

一九五三年に時計の針を戻そう。

当時の世界は「平和な時代」とは決して言えない。「東西の代理戦争」の様相を呈した朝鮮戦争は三年も延々と続き、七月にようやく休戦した。「冷戦」では、アメリカはソ連と激しい軍拡競争を繰り広げていた。一九四九年にソ連が核実験に成功し、アメリカによる核兵器の独占は四年で終わった。アメリカが一九五二年十一月に原爆よりはるかに破壊力の大きな（長崎型原爆の四五〇倍以上）「水素爆弾」の実験に成功したかと思うや、ソ連は一九五三年八月には独自の水爆を開発して実験を成功させ、追いついた。とは言え、実験に成功したのは飛行機には積めないほどでかくて重い爆弾である。次は爆撃機に搭載できる水爆の小型化競争が始まった。爆撃機で運べるなら、相手の領土に落とすこともできる。米ソはお互いに疑心暗鬼になっていた。第二次世界大戦の記憶がまだ生々しい当時の国際社会は、第三次世界大戦が勃発するのではないかという恐怖におびえていた。

そんな年の十二月は、世界がほっと一息をついていた時である。ソ連の独裁者スターリンは死んだ。朝鮮戦争も終わった。

そんな同月八日、アイゼンハワー・アメリカ大統領が国連総会でこんな演説をした。国連総会、ということはソ連を含めた世界へのアメリカの意思表明である。

「私は本日の演説を行うに当たり、私にとってはある意味では新しい言葉、軍人として人生の大半を送ってきた私が、できうることなら決して使いたくはなかった言葉で、あえて話す必要があると感じている。その新しい言葉とは、核戦争に関する用語である」

アイゼンハワーは元職業軍人である。第二次世界大戦の対ドイツ戦の指揮官であり、英雄だった。あまり知られていないが、日本への原爆投下に反対した。

「主要関係国政府は、慎重な考慮に基づき、許容される範囲内で、標準ウランならびに核分裂物質の各国の備蓄から国際的な原子力機関に対して、それぞれ供出を行い、今後も供出を継続する。そうした国際機関は、国連の支援の下で設立されることが望ましい」

それまで、二国間でこっそり（英米間の核技術協力合意は秘密協定だった）取り決められていた核技術の国際移転を、全部テーブルの上に置いて見えるようにしよう。そのための国際機関をつくろう。そんな意味だ。この時にできたのが「ＩＡＥＡ」（International Atomic Energy Agency＝国際原子力機関）である。

「さらにこの原子力機関のより重要な責務は、そうした核分裂物質が人類の平和の希求に資する利用目的で使われる方法を工夫することになるだろう。例えば、核エネルギーを農業や医療や、その他の平和的活動のニーズのために応用することを目的として、専門家たちを動員することになる。また、世界の電力が不足している地域で、あり余る電力を提供することもその特別な目的となる。そうした体制によって、核物質を供出する各国は、人類への脅威ではなく、そのニーズに貢献することに、国力の一部を捧げることになる」

これは「もしアメリカの呼びかけに応じて核の国際管理下に入るなら、見返りとして発電や農業、医療のための核技術を提供しましょう」。そんな意味である。この演説を"Atoms for Peace"（平和のための原子力）演説と呼ぶ。

この政策にそって、アメリカは多彩なプログラムを用意した。そのひとつが核技術に関する基礎・応用科学の国際学校"International School of Nuclear Science and

Engineering"（ＩＳＮＳＥ）を開設し、留学生を受け入れることだ。費用はアメリカ政府持ちである。留学生が技術を身に着けて帰国したら、開発の難しい濃縮ウラン六キロを研究用に貸与する。実験炉を輸出する。そんな「おみやげ」までついていた。

善意に解釈すれば、アイゼンハワーの演説は「世界のみなさん、核を兵器だけではなく平和目的に使いましょう」という核の平和利用を推進する一種の「軍縮」提案である。

現実的に解釈すると、もう少し違った面が見えてくる。アメリカの友好国に核技術を供与して、技術・経済の結びつきを強める。西側陣営に強固に組み入れる。電力供給が安定すれば工業化の基礎になる。工業化が進めば貧困が減る。共産主義の影響を減らせる。しかし一方、国際機関の監視に入れて、勝手な核兵器開発ができないようにする。核兵器をつくってアメリカに逆らう「裏切り」がないように見張る。ＩＡＥＡが今も核兵器の原材料であるプルトニウムに目を光らせている。原発をつくらせるのはいいが、燃料であるウランを燃やすと、核兵器の原料であるプルトニウムまでできてしまう。そんなジレンマがあるからだ。

別の動機もあった。実は、当時のアメリカは核兵器は進んでいたが、原子力発電技術はソ連やイギリスに遅れを取っていた。ソ連とイギリスは世界に原発を輸出しようと売り込みを熱心に進めていた（例えば一九六六年に運転を開始した日本の最初の商業原発である東海発電所の原子炉はイギリス製）。発電はその国の安全保障に直結する戦略産業である。その戦略産業の心臓部で主導権を握りたい。そうした経済政策上の目論見もあった。

日本の政治家ですぐに反応したのが、改進党にいた中曽根康弘（当時は保守二党が合併して自由民主党が発足する『保守合同』＝一九五五年の前）だった。わずか三ヶ月後の一九五四年三月、超党派で「中曽根原子力予算」と冠せられる予算案を提出した。その額二億三五〇〇万円は「ウラン２３５」のもじりという説が有名だ。伊原は留学に出発する前に工業技術院でこの予算を担当して、原子力発電とのかかわりが始まった。

前年のハーバード大学のインターナショナル・サマー・セミナーに参加した中曽根は、現地でアメリカの核政策転換を察知していた。少し長いが、中曽根本人がそのいきさつを語っているので引用しよう。

そして丁度《ちょうど》、昭和二十八年に私はアメリカのハーバード大学のインターナショナルサマーセミナーがありまして、キッシンジャー（後に国務長官）が主催する世界中の文化人や政治家を集めて、二ヶ月ハーバード大学の寄宿舎に泊めて議論をやった、そこへ私は推薦されて行った。その帰りにニューヨークに寄ったときに、いろいろ情報を調べてみると、アメリカのアイゼンハワー大統領がいよいよ原子力政策を大転換するということが新聞にも出ていました。「アトム・フォア・ピース」そういう題です。「平和のための原子力」。今までは原子力は戦争のためにアメリカは使ってきたわけです。その、いろんな資料を民間に渡してしまう。民間でそれを思い切って活用しなさいと、それを「アトム・フォア・ピース」という名前でアイゼンハワーは民間に渡した、民間では原子力産業会議というものをつくりまして、いよいよ、民間でそれを活用するというのが新聞に出ておった。

私はそれを見まして、「これは大変だ、これを放っておいたら日本はまさに農業国家だけに転落してしまう」と考えまして、いろいろ情報を取ってみたのです。そして日本に急いで帰ってきた、そのときにサンフランシスコで、丁度、理研の嵯峨根教授がアメリカのバークレーのローレンス研究所というところに行っておった。ローレンスはノーベル賞をもらった人です。

嵯峨根博士を総領事館に呼びまして、「これから日本に帰って原子力をやろうと思うのだが、どういうことを注意したらいいかね」と聞いたら、彼は私に三原則を挙げたのです。

一つは、「それはしっかりした国家政策として確立しなさい」と。いい加減な考えでは駄目です、国家政策として確立しようと。

二番目は、それを推進するためには、法律と予算できちんとしたものにして永続するようにしておきなさい。

三番目は、こういうものには学者がわっ！　と寄ってくる。しかし大部分早く寄ってくる学者はいい加減な学者が多いと。本当の学者は黙って見ている。と、だからいい加減な学者が集まってくるから、それに誤魔化されないようにしなさい。と、これは嵯峨根先生が私に教えた三つであります。それが頭にあったものですから、帰ってきてから、なんとかして原子力予算を出したいと。

（二〇〇六年十月二十日。茨城県東海村での『茨城原子力五〇周年記念式典』講演要旨）

これが日本の原子力発電最初の胎動である。その特徴をまとめておく。

⑴東西冷戦という国際対立構造が背景にあった。

(2)アメリカの外交政策のひとつとして日本に技術移転された。
(3)軍事技術（兵器）の民間転用だった。
(4)日本は国家政策としてその技術を受け入れた。
(5)できあがった技術をアメリカから「移植」した。自力で開発した技術ではない。

その結果、消すことのできないDNAを日本の原子力発電は今日に至るまで持ち続けている。「原子力発電は『核の平和利用』」「核＝戦争」「原子力＝平和」という言葉と概念の使い分けである。

核兵器は英語で"nuclear weapon"である。原子力発電所は"nulcear power station (plant)"である。英語では同じ nuclear と呼ばれる核技術を、日本人は兵器なら「核兵器」と呼び「原子力兵器」とは言わない。また発電は「原子力発電」と呼び「核発電」とは呼ばない。そんな「使い分け」がまだ残っている。これは日本の核技術が"Atoms for Peace"に起源を持つ名残である。

## すべてはマンハッタン計画から始まった

伊原の留学体験談に戻る。

――一九五五年というと、アメリカへは船で行かれたのですか。

「いえ、飛行機です。羽田を出発して、ウェーキ↓ハワイ↓サンフランシスコ↓ワシントンと乗り継ぎました。ワシントンで一週間オリエンテーションを受けて、シカゴに到着したのは三月十三日ごろです」

――住まいはどうされたのですか。

「シカゴ大学のインターナショナルハウスという六階建て六〇〇室の大きな留学生用の寮がありまして、シャワー付きの部屋をもらいました。その寮から毎朝三〇マイル離れたアルゴンヌまでバスで送迎してもらうのです」

伊原は当時の教科書の題名や筆者をすらすらと語った。

――勉強は大変だったですか。

「予算を一年担当していましたので、ずぶの素人ではありません。でも、何も知らないことを勉強するのですから一生懸命勉強しました」

――座学だけではなく本物の原子炉を使った授業もあったと聞いています。

「はい。原子炉の上に見学で上ったことがあります」

伊原は懐かしそうに微笑んだ。真面目に話していた伊原の表情が少し和らいだ。日本に原発をもたらした国費留学というと仰々しいが、伊原にとっては青春時代の思い出なのだ。

──留学がまだ珍しかった時代ですから、さぞかし楽しかったでしょうね。

「通学のバスの中で、他国から来た留学生たちと、雑談といいますか、情報交換をするのです。それが楽しかったですねえ」

──さきほど原子炉の上に上ったとおっしゃいました。アルゴンヌはシカゴ大学の原子炉を移設したと聞きます。本当ですか。

「はい、名前はCP─5でした。どんどん改造したのですね」

なるほど、やはりそうだ。アルゴンヌ国立研究所はシカゴ大学の施設CP─1をそのまま受け継いでできた研究施設ということになる。つまり「マンハッタン計画」の直接のスピンオフということになる。では学校の教授陣やスタッフはどうだったのだろう。アルゴンヌ研究所の所長はウォルター・ジンというマンハッタン計画に参加した物理学者の一人だ。

「そのときの校長は……」

伊原は少しの間上を仰いだ。

「確かノーマン・ヒルベリーといいましたねえ」

私ははっとした。原爆を開発したアメリカの国家計画「マンハッタン・プロジェクト」に参加した物理学者の中に、ヒルベリーという名前があったのを覚えていた。

――もしかして、マンハッタン計画のヒルベリーですか。

「そう、あの時のシカゴ学派の一人ですよ。『CP―1』の生き残りですな」

「あの時のシカゴ学派」「CP―1」。その名前を聞いて、私の胸が高鳴った。「CP―1」は、一九四二年十二月二日に世界で初めて臨界状態を人工的につくったシカゴ大学の実験原子炉の名前である。現在の原子力発電につながる、核分裂から莫大なエネルギーを取り出すという技術は、すべてここから始まった。その直接の目的は原子爆弾をつくることだった。そしてアメリカは三年後に原爆の開発に成功して、ヒロシマとナガサキに投下する。

――授業を直接受けたのですか。

「ときどき原子力一般の講義をされましたよ」

――どんな方でしたか。

「授業中いろんな冗談を言う、気さくなおじさんでした。みんなどっと笑うのですが、私は英語が拙いのでよくわからんのです」

伊原はほっほっと笑った。えびす翁のような目になった。

「『諸君は母国へ帰って原子力発電をやるだろう。でも物理屋に任せていてはダメだ。原子力発電は総合工学なんだ。いろいろな専門の人が集まってやるからいいんだ』。そう語っておられましたねえ」

伊原は遠い青春時代を懐かしむ目になっていた。アメリカ人教授は、かつて原爆を投下した国から来た若者にどんな話をしたのだろう。私の好奇心が頭をもたげた。

――マンハッタン計画在職中の話をされましたか。

「はい。彼はマンハッタン計画の人ではあるのです。純粋な物理研究者でありながら原爆製造者でもあったのですね」

――マンハッタン計画ではどんな担当をされていたのでしょう。

「CP―1では安全装置を担当されたそうです。制御棒をロープで吊るしておいて、原子炉が暴走するとか万一の時は、彼が横で待機していてオノで切るのです。そうやって制御棒が原子炉に落ちるようにしていたのです。『だから俺は'axe man'（木こり）と呼ばれてたんだ』とジョークを言っていました」

多少の予習をしていた私は知っていた。このAxe Manが語源になって原子炉の緊急停止を意味する「SCRAM」（スクラム）という言葉が生まれたことを。「スクラム」は「Safety Control Rod Axe Man」（安全制御棒担当の木こり）の頭文字なのだ。福島第一原発事故でも、地震の揺れで原子炉がスクラムした、という言葉は頻繁にマスメディアに流れた。

マンハッタン計画。世界初の臨界実験。アックスマン。原子爆弾開発。ヒロシマ・ナガサキ。日本の敗戦。一〇年後にアメリカで原子力発電技術を学んだ留学生・伊原義徳。その教授だったアックスマン。スクラム。

ヒロシマ・ナガサキに原爆を投下してから一〇年後。マンハッタン・プロジェクトの実験原子炉で斧を握っていた研究者は、日本から来た留学生に原子力発電を教えたのだ。

点と点が結ばれ、線になった。それまで水滴の散らばりに過ぎなかった核技術の歴史が、私の中で一本の川になって流れ始めた。その川の源流をこの目で見たい。

こうして私のアメリカへの旅は始まった。

# 3

# 核爆弾が生まれた砂漠

## 原爆が誕生した砂漠の実験場へ

車の窓を開けると、乾き切った熱風が流れ込んできた。

視界のど真ん中、横一直線に線を引く。上半分をアクリルブルーに塗る。下半分はサーモンピンク。青い空と赤い大地。それだけ。そんなシンプルな世界が、もう三〇〇キロ近く続いている。

どこかで見たことがある空の色だと思った。先住民が作るシルバージュエリーと同じブルーだった。そうだターコイズだ。そういえばターコイズを英語で「Sky Stone（空の石）」というのだ。本当に、空から落ちたブルーのしずくが宝石になって、そこらへんの地面でキラキラ光っていそうだった。

核爆弾の実験場はまだ見えない。

ターコイズブルーの空が美しく、運転しながらつい見とれてしまう。

砂漠を貫くフリーウエイは地平線までまっすぐだ。空と大地と、まっすぐな道。それしか目に映らない。近景に建物がないから、自分が時速何キロで走っているのか、スピード感覚がなくなっていく。

ニューメキシコ州の砂漠を車で走っている。核技術の生まれ故郷を訪ねて、こんな辺鄙なところまで来たのだ。もう少し走れば、世界で初めて核分裂の莫大なエネルギーが地上で解き放たれた場所に行けるはずだ。

原子爆弾の爆発実験が世界で初めて行われた「トリニティ実験場」（Trinity Site）は今も米軍のミサイル発射演習場のど真ん中にある。そこでは、一体何キロくらい人家がないのか、見当もつかない。視界の限り、色あせた灌木をまぶした乾いた大地が続いている。

ルームミラーに赤いピックアップトラックが映った。前後に車が連なってくる。どうやら、私と同じようにトリニティ実験場に向かう人たちのようだ。公開日を狙って観光客が集まるらしい。

フリーウエイを降りた。でこぼこ道を数十分走ると、ゲートが見えてきた。腰に拳銃を下げた警備員が検問を敷いている。

「おや、でかいカメラだね」

助手席に置いた一眼レフを見た若い白人が言った。

「ジャーナリストかい？」

私はうなずいた。身分証を見せろというのでパスポートを渡した。

外国人記者は締め出されるのか？　せっかくここまで来たのに。胃がきりきり痛んだ。

でも、それは杞憂だった。男はにっこり笑ってパスポートを返した。

「ここから先は軍事施設なんだ。現場まで写真はご遠慮願えるかな」

「私も入っていいんですか」

「もちろん」

「トリニティに到着したら、中の写真はオーケーでしょうか」

「もちろん」

ほっとして周囲を見回した。レーダーのアンテナが右手に見える。前にカーキ色のトラックが止まっている。なるほど軍事施設のようだ。

「現場」まであとどれくらいでしょうか、と私は聞いた。

「すぐだよ。あと三〇マイル（五〇キロ）だ。ハバ・グッデイ」

私は笑った。まだ五〇キロもあるじゃないか。何が「すぐ」だ。

でもジョークではなく、このへんではそんな距離感覚なのだ。

「年に二日だけ、一九四五年に原爆を実験した場所が公開される」

そんな話をアメリカ人の友人から聞いたとき、私は耳を疑った。核実験場なんて、そういう場所は軍の秘密施設ではないのか。それが定期的に公開されている？　友人は「オレは行ったことがある」と言う。ネットで検索してみると、確かに本当だった。しかし外国人は立ち入りできるのか？　記者は入れるのか？　そんな砂漠の真ん中にどうやって行けばいいのだ？　何時に行けばいいのだ？　予約は必要なのか？　写真は撮れるのか？　確かめたくてもウエブサイトには問い合わせ先すら書いていない。ただ「十月と四月の第一土曜日に一般公開」とだけある。

まあ、とにかく行ってみよう。夜明けから入り口で待ってみよう。行けば何とかなる。最後はそんな気持ちで飛行機に飛び乗った。アルバカーキという都会でレンタカーを借り、三時間運転してここまで来た。

トリニティ実験場はすぐにわかった。

砂漠の真ん中に駐車場ができ、半パンにベースボールキャップのアメリカ人が大勢ウロウロしていた。門前市をなす。ホットドッグやハンバーガーを焼くうまそうな匂いがする。フェンスのゲートの前に土産《みやげ》物屋のブースが並んでいる。放射能マークの真っ赤なTシャツ。ファットマン（長崎に投下された原爆）Tシャツ。原爆開発に関する本やらDVDやら、

トリニティ実験場を囲むフェンスには「警告・放射性物質」のマークが

そこにまたカメラをぶら下げた観光客の長い列ができている。その真後ろのフェンスにはまがまがしい「警告・放射性物質」の黄色と黒のマークが掲げられているのだが、誰も気に留めない。ビーチか遊園地のようなにぎわいだ。

　周囲を見回す。日本人はいない。それどころか東洋人は私一人だ。

　私はかつて訪れた広島の原爆ドームや平和記念公園の、墓地にも似た厳粛さを思い出した。あまりの落差に頭がくらくらした。

　だが目の前で笑いさざめくアメリカ人たちを責めようという気も起こらない。ここでつくられた爆弾が十数万人の市民の上で炸裂したことを、彼らは知らないだけだ。平均的な日本人も、戦争加害者としての歴史を知っているとはとても言えない。都合の悪い歴史に無知なのは万国共通、お互い様なのだ。

私は福島第一原発周辺の取材で使ったロシア製の線量計を取り出した。毎時〇・一三マイクロシーベルト。「NORMAL」。緑色の数字が出た。

放射能は正直だ。爆心地に歩いていくと、少し高くなった。三・一一後の福島県なら低い方の数値だ。飯舘村役場前はこの一〇倍あった。

爆心地はコンタクトレンズのような平たい窪地になっていた。高さ三〇メートルの鉄塔の上に設置された核爆弾が爆発した猛烈な圧力で、地面がめり込んだのだ（カラー口絵②）。

砂地を踏みしめて歩く。すり鉢のような中心へ降りていく。ざくざくとした感触が靴底に伝わってくる。グラウンド・ゼロには三角錐の記念碑が立っていた。記念撮影のアメリカ人が列をなしている。

来た方を振り返ってぎょっとした。ずんぐりした「ファットマン」がトレーラーの上に無造作に置いてあったのだ。ナガサキに落とされた原爆である。鉄でできたケースだけの原寸大模型だった。誰の考えたサービスか、記念撮影用に置いたらしい。みんなニコニコしながらパチパチ撮影している。

線量計を出してみた。毎時一・〇七マイクロシーベルト。

「ねえ、ここの放射能はどうなんだい？」

長崎に投下された原爆「ファットマン」の原寸大模型

顔を上げると、ファットマンの前の地面に、Tシャツに半パン、トレッキングシューズの痩せた若い男が座っていた。目が合う。にやりと笑った。

「放射能が高いなら、逃げた方がいいと思ってね」

私は言った。

「まあ、フクシマに比べればずいぶん低いですね」

男は目を見開いた。

「フクシマって原発事故の？　それって喜んでいいのかい？」

ニューメキシコの砂漠の真ん中で「フクシマ」という言葉は普通に通じた。

**一九四五年七月十六日、世界初の核実験が成功した**

砂漠を乾いた風が渡ってきた。地平線に青い岩山が見えた。稜線の形に見覚えがあった。一九四五年七月十六日午前五時二九分四五秒。この場所で、歴史上初めて、核エネルギーが人工的に解き放たれた。ＹｏｕＴｕｂｅでその時の記録フィルムを見ることができる。真っ暗闇の地平線に閃光が走り、昼間のように一面が明るくなる。巨大な炎が蛸《たこ》の足のようにニュルニュルと広がっていく。火柱とも火球とも喩えようがない。まるで黄泉《よみ》の国から這い出してきた生きもののようだ。獣の唸り声のような音がぶるぶると鳴り続けている。日本人が「ピカドン」と呼んだ閃光と低い音。

写真右奥が爆心地。爆発を観察していた塹壕跡が残っていた

　炎が周囲を照らして初めて、この物体がとてつもなく巨大であることがわかる。山が闇から照らし出されるのだ。火柱は山

核爆発の威力を測定するためつくられた鉄鋼製の筒「ジャンボ」。実際は通常火薬の予備実験で壊れてしまった

より背が高い。そのフィルムで見たのと同じ稜線《りょうせん》がいま乾いた砂漠の向こうにある。火柱の巨大さがそれでわかる。

「八キロも離れた地点だというのに、強烈な光と熱が襲ってきた。あんなに強烈だとは予想しなかった。輝く紫色のキノコ雲がもり上がり、降りてきた。カミナリのような轟音が回りの山に反射しこだましていた。だが普通の雷鳴と違って、いつまでも鳴り止まない。本当に怖かった」(物理学者フランク・オッペンハイマー。ロバートの弟。ドキュメンタリー映画"The Day After Trinity"より)

「二〇マイル離れたところにいたのに、目の前でフラッシュを焚かれたように二〇秒ほど何も見えなくなった。視界が戻ってくると、そこには巨大な火柱が上っていた。紫、オレンジ、グリーン、茶色。あらゆる色がせめぎ合いながら空に昇っていった」(物理学者ロバート・サーバー)

足元の地面に、きらきらと輝くものがあった。コーラ瓶を割ったような緑色の石が散らばっている。ここにも、あそこにも。しゃがんだアメリカ人たちが地面を掘っている。どこかで読んで知っていた。それは「トリニタイト」と呼ばれる石だった。核爆発の巨大な火球に砂や土が吹き上げられ、鉄塔の鉄や電線の銅など金属や鉱石分が混じって高熱で液化したまま落ち、固まった。ここにしかないと言われていたが、調査の結果、旧ソ連など世界の核実験場で似た物質が見つかっている（カラー口絵③）。

そっと線量計を近づけてみる。少し線量が上がった。

汗が額から落ちる。太陽が真上に近づいていた。

ふと足元を見ると、コンクリートの土台から鉄骨の残骸が突き出していた。爆弾を設置した鉄塔の基礎部分である。核爆発の高熱で、三〇メートルの鉄塔は蒸発してしまった。礎石だけが残っている。

ある写真を思い出した。この同じ場所に、痩せた男が立っている。テンガロン・ハットにしわくちゃのスーツ。砂漠の真ん中に立つには場違いな服装だ。ポケットに手を突っ込み、パイプをくわえながら、軍人たちと談笑している。大きな目が印象的だ。

写真は一九四五年七月十六日に撮影された。この場所で、世界初の核実験が成功した日

実験用核爆弾「ガジェット」を乗せた高さ30メートルの鉄塔は高熱で蒸発し土台だけが残った

である。男は名前をロバート・オッペンハイマーという。物理学者。核兵器を開発する国家プロジェクト「マンハッタン・プロジェクト」のリーダーとして世界最精鋭の科学者たちを率い、三年でゼロから原子爆弾を実用化した。ゆえに「原子爆弾の父」と呼ばれる。友人はオッピーと呼んだ。そのころ彼はまだ四十一歳だった。

ニューヨークで生まれ育った都会人である。父親はドイツから移民したユダヤ系の繊維商人。

彼を知る人間は例外なく「オッピーは文句なしの天才だった」と口をそろえる。ハーバード大学を三年で卒業した。しかも首席。六ヶ国語を理解した。頭の回転が早い。常人が何ヶ月もかかって理解することを数分で理解してしまう。一九二〇年代にイギリスとドイツに留学した彼は、二十三歳で博士号を取り、二十五歳でカリフォルニア大学バークレー校の教職に就く。博士号の口頭試問で、試験官の教授を逆に問い詰めたという逸話が残っている。

奇行のエピソードが豊富である。日によって言うことがころころ変わった。機嫌よく振舞っていたかと思うと、議論で激昂して友人の首を本気で締めたりした。多重人格のようだった。考えに没頭すると、何日も食事も取らず考え続ける。いつも煙草やパイプを忙しげにふかしている。多弁で議論好き。「オッピーがしゃべり続けて授業が進まない」と他の学生から苦情が絶えなかった。理解の遅い人間にガマンができなかった。すぐに苛立ち、ボロクソに言う。短気で毒舌。そのせいで敵も多かった。

まだ若い学問である量子物理学に耽溺した。同時に文学を愛した。特に中世ヨーロッパの詩を熱烈に愛した。核実験した砂漠を「トリニティ」と名付けたのは、十七世紀イギリスの詩人ジョン・ダンの作品からの引用と言われる。「Trinity」はキリスト教の言葉で『三位一体』を指す。だが同時にニューメキシコではありふれた地名でもある。注意を惹かないための暗号名だとも言われる。はっきりしない。その曖昧さがまた、オッペンハイマーを伝説にする「謎」のひとつになった。

オッペンハイマーは現実世界のことは無関心かつ無知だった。新聞も読まず、大恐慌があったことすら知らなかった。軍や国策に協力して兵器開発の秘密プロジェクトに関わるなど、オッペンハイマーにとって縁遠い話だった。

そんなオッペンハイマーが政治に目覚めたのは、アドルフ・ヒトラー率いるナチスが台頭してきたことがきっかけだった。ドイツには、ユダヤ人の親戚や友人が多数いた。ヒトラーは彼らを迫害し処刑していった。

それがオッペンハイマーの人生を大きく変えた。ペンと紙で宇宙の真理を探る仕事から、目の前の戦争に使う兵器をつくる仕事に彼はキャリアを変えた。

一九四一年十二月七日、日本のハワイ・真珠湾攻撃が引き金になって、アメリカは第二次世界大戦に参戦した。

アメリカとイギリスは、ナチス・ドイツが核兵器の開発に成功する可能性があることを察知していた。この究極の破壊力を持つ兵器をナチスが先に持てば、世界の歴史は暗転してしまう。もしかするとアメリカ本土までが蹂躙されるかもしれない。しかし参戦するまで、核開発は政府上層部と数人の科学者だけが関与する小さな動きだった。

参戦と同時に、アメリカはこの秘密プロジェクトを軍に移して本格的に稼働させた。「マンハッタン・プロジェクト」という。日本のパール・ハーバー攻撃がアメリカ参戦のきっかけだったとはいえ、核開発でアメリカが敵とみなしたのはナチス・ドイツだった。

マンハッタン・プロジェクト最初の成果は、臨界実験の成功だった。一九四二年十二月二日、イタリアから亡命した物理学者エンリコ・フェルミをリーダーとするシカゴ大学のグループが、史上初めて核分裂の連鎖反応を原子炉の中で再現する「臨界実験」に成功した。その時に取り出したエネルギー量は数ワットでしかなかった。が、核分裂をさらに持続的に行えば、ほぼ無限に近い莫大なエネルギーが生まれることが理論的に証明されていた。ロスアラモスでの目的はその「実験室」レベルの成果を「核爆弾」という「製品」に実用化することだった。

「マンハッタン」はニューヨーク市の地名。臨界実験の最初の候補地がマンハッタンにあるコロンビア大学だったからだ。住宅密集地に近すぎて危険だと、シカゴ大学に変更された。テネシー州オークリッジ。ワシントン州ハンフォード。全米に研究や実験、生産施設が散らばってつくられていった。

もっとも重要な動きはシカゴ、ニューヨーク、サンフランシスコなど全米の大学・研究施設に散らばっていた科学者たちを一ヶ所に集め、研究開発をさらに効率化するという試みだった。その場所に選ばれたのが南西部ニューメキシコ州の高原にある「ロスアラモス」だった。そのリーダーに選ばれたのが、オッペンハイマーだった。彼はサンフランシスコ郊外のカリフォルニア大学バークレー校で教鞭を執っていた。

ニューメキシコの高原を用地として推薦したのもオッペンハイマーだった。父親が所有する山荘が近くにあり、オッペンハイマーは幼少のころからそこでキャンプや乗馬をして過ごした。視察して、軍側の責任者だったレスリー・グローブス大佐もこの立地を気に入った。海岸線から遠く、潜水艦からの偵察ができない。外国から潜入したスパイが近づけない。人里はなれた山の中で出入りが監視しやすい。外部からのスパイだけでなく、そこにいる科学者から秘密が漏れることも軍は警戒していた。

建設予定地には、心身の虚弱な子供のための全寮制学校があった。敷地は接収され、研究棟や住宅が突貫工事でつくられた。工事が始まったのは一九四二年遅くだ。雨が降ると一帯は泥沼になった。そこに二万五〇〇〇人の小都市が突然できた。研究施設だけではない。スーパーがあり、ダンスホールがあり、学校があった。それは一般社会から隔絶した秘密都市だった。

ロスアラモス国立研究所の公式の開設は一九四三年四月十五日である。原爆の開発＝マンハッタン・プロジェクトには一二万九〇〇〇人が参加し、二二億ドルの国費が投入された。ウラン濃縮をはじめ、アメリカ一国全体の電力の五分の一が消費された。原爆が完成するのは二年三ヶ月後だ。

## 原爆の父、オッペンハイマーの苦悩と蹉跌

トリニティ実験場から、今度は車を北に四時間あまり走らせた。

ロスアラモスの街に着いた。観光地として有名なサンタフェを通り抜け、さらに山奥に一時間ほど行く。標高二〇〇〇メートル。空気がひんやりしてくる。炎天の砂漠から、マツやスギの緑が豊かな高原へと登っていく。

鳥がさえずる。青い空に噴水や芝生が美しい。まるで公園のような小都市だ。しかし街の真ん中には高速道路の料金所のような車のゲートがあって、出入りをチェックしている。オッペンハイマーがつくった「ロスアラモス国立研究所」が今もそこにあるのだ。核兵器の設計やコンピューターシミュレーションによる擬核実験の研究をしている。今なおアメリカの核兵器技術の頭脳である（カラー口絵⑤）。

日本を出発する前、ロスアラモス国立研究所に取材申し込みのメールを送ったら、広報

右はロスアラモス国立研究所に展示されているマンハッタン計画当時の身分証明書用写真。上段の右２人がオッペンハイマー夫妻。左はオッペンハイマーの写真を切り抜いたもの

担当者から丁寧な返事が来た。

「当研究所には、アメリカ市民以外は立ち入りできません」

取材でアメリカの国立研究所をあちこち回ったが、立ち入りそのものを断られたのはロスアラモスだけだ。

「その代わりに、歴史的な部分は研究所付属の博物館があります。そこなら誰でも入れます。研究所のヒストリアンをエスコートさせましょう」

核兵器の研究所に Historian ＝歴史担当者が常勤しているという事実にびっくりした。

ブラッドベリー科学博物館は図書館のようにさりげなくロスアラモス市の真ん中にあった。トリニティで爆発した核爆弾「ガジェット」の模型（カラー口絵④）。起爆装置。ファットマンやリトルボーイの原

寸大模型。トリニタイトはいかにして生成されたか。その後の核弾頭の発展。オッペンハイマー夫妻が使った通行証用の写真まで展示してあった。なるほどここは「核兵器博物館」なのだ。

そしてそこには野球帽に半ズボンのアメリカ人観光客たちが出入りして、のんびりとファットマンやリトルボーイを見ている。サンタフェ観光のついでに寄った、という感じだ。

ロスアラモス国立博物館に展示された、広島に投下されたウラン型原爆「リトルボーイ」の模型。右奥が「ファットマン」

私はそれが広島や長崎に落とされて数十万の市民を殺傷した兵器であることを知っている。アメリカ人たちも知っている。だが私も彼らも、戦争を実体験として記憶しているような年齢の人はそこにはいない。私も彼らも、本や展示の文字と写真でそれを読んでいるだけだ。自分たちの祖先が当事者だったことはわかる。しかしそこには自分たちが当事者だったら避けられないはずの感情的な何かがすっぽりと抜けている。

原爆をつくった街の博物館内にいるただ一人の東アジア人である、でかいカメラをぶら下げた私は、一目見て日本人だとわかる。アメリカ人たちと時々目が合う。だがお互い「ハイ」と言って微笑み合うだけだ。感情的なものが何も湧いてこない。

博物館の前で待っていたら、サングラスをかけた白人の若者がやってきた。それがロスアラモス研究所の歴史担当研究員アラン・カーだった。三十四歳のテキサス出身。第二次世界大戦はおろかベトナム戦争も直接体験がない。

「ロスアラモスにはファイルボックス一万五〇〇〇箱分の公文書があります」

カーは言った。秋晴れの気持ちのいい日だった。玄関前の芝生にあるベンチに座ってインタビューをした。

「博物館も研究所の一部です。できるかぎり情報を公開するのがその目的です」

何もかもが秘密主義の日本の原子力政策官庁や電力会社とは正反対だ。

「博物館の名前はオッペンハイマー博物館じゃないんですね」

私は言った。カーは「そう言えばそうですね」と曖昧に笑った。ブラッドベリーは二代目の研究所長の名前だ。

ロスアラモスの街の中心にはオッペンハイマーとグローブスの銅像が立っている。しかしオッペンハイマーの名前は町外れのさびしい通りに冠せられているだけだ。

上／ロスアラモスの街の中心に立つオッペンハイマー（左）とグローブス将軍の銅像
下／ロスアラモスの町外れにあるオッペンハイマー通り。左の標識にその名が書かれている

私はその理由を知っていた。一九五四年、オッペンハイマーは公職から追放されたのだ。トリニティ実験場で核兵器の威力の凄まじさを見たオッペンハイマーの心境は変化していた。ナチスドイツは五月に降伏していた。日本だけがただ一国戦争をやめようとしなかった。原爆の投下目標は日本になった。が、ドイツと違って日本が核兵器開発でアメリカの先を越す可能性はなかった。

当時の日本は、アメリカ人からすれば不可解な戦争を続ける国だった。世界を相手に、勝ち目のない戦争を無益に続けていた。東京大空襲や沖縄戦で非戦闘員が大量に犠牲になっても、姿勢を変えなかった。だらだらと続く対日戦はアメリカにとって無駄な重荷に思えた。沖縄や硫黄島の激戦で大量の犠牲者を出した米軍は、日本の本土上陸作戦を決行すれば数十万人の犠牲が出ると試算していた。

オッペンハイマーは「実戦に使う前に、日本の代表者を招いて原爆の威力を見せる実験をしてはどうか」と政府に提案している。しかし当局者は一日も早い日本の降伏を望んだ。米国人兵士の犠牲を減らすためだ。ウランやプルトニウムも希少だ。先に威力を見せて、日本に防御策を取られても困る。提案は却下された。

「オッペンハイマーは良心の呵責に悩まされていました。特に女性や子供といった非戦闘

員が多数殺されたことを嘆いた。核兵器をつくったことを後悔したのです」（アラン・カー）

核兵器は戦争の意味を変えてしまった。第二次世界大戦までのような全面戦争、世界戦争は人類の滅亡を意味するようになった。「戦争は政治の延長である。外交政策の選択肢にすぎない」というそれまでの外交哲学は終わりを告げた。

「原爆の父」「戦争を終わらせた物理学者」。原爆が投下されると、それまで極秘プロジェクトだった原爆開発が公表された。日本が降伏して戦争が終わったとき、オッペンハイマーは国家的ヒーローになった。ニュース誌の表紙になった。ノーベル物理学賞の候補になった（死去するまでに三回候補になったが受賞せず）。一九四七年には名門プリンストン大学の研究所長に任命された。研究者の中にはアインシュタインすらいた。活動の拠点は首都ワシントンに移った。二〇以上の議会委員会や補佐官を兼任し、精力的にアメリカの核技術政策に関与していった。

オッペンハイマーの主張は「核兵器の国際管理」だった。「核兵器が悪用されてはならない」という意識があった。

「残念ながら原子爆弾を使えば、一晩に二〇都市で四〇〇〇万人のアメリカ人を殺すことも可能だと思う。未来の安全は、信頼と善意を持って世界の人々と協力することでしかなしえません」

そう主張していた。

しかしアメリカとソ連・中国といった共産主義陣営との対立は激化していた。ソ連が原爆の開発に成功してからは、オッペンハイマーが説く核兵器の国際管理は夢物語になっていった。政府は原爆より一〇〇〇倍破壊力の大きな水素爆弾の開発にのめり込む。

ジョセフ・マッカーシー上院議員による政府内の共産主義者排斥運動（マッカーシズム）が追い打ちをかけた。オッペンハイマー本人は党員ではなかったが、一九四〇年に結婚した妻キャサリンは共産党員だった。弟フランク夫妻も共産党員だった。ＦＢＩは彼を盗聴や尾行などの監視下に入れた。弁護士も報道陣も禁止の秘密聴聞で尋問され、大戦中の事実が蒸し返されてスパイ容疑がかけられた。「水爆の父」として知られるエドワード・テラーは聴聞会でオッペンハイマーを危険人物だと非難する証言をした。一九五四年、オッペンハイマーは政府職資格を剥奪され、二度と核政策に関わることはなかった。

こうした事実からオッペンハイマーを「エスカレートする核軍備競争に抵抗したために追放された科学者」として英雄視する説もある。が、現実はそれほど単純ではない。

「彼は人に冷たかった。議員や政府の要人にも、露骨に馬鹿にする態度を取ったため、恨みを買った。水爆に反対する過程でも、軍部に多数敵をつくった」（アラン・カー）

自分がそれまでの人生を捧げた「アメリカ」に裏切られたことで、オッペンハイマーの内面の何かが崩れてしまった。それ以後一九六七年に没するまで、オッペンハイマーは「魂を破壊された」（spritually destroyed）と周囲は言う。

「戦争のとき、兄が核兵器の開発にこれほど深くかかわったのは、通常の数千倍も強力な爆弾があれば、国家が戦争への考え方を変えるだろうと思ったからだ。科学者たちはみんな、そう同じように考えた。しかしそれは違った。当局者は核兵器を通常の兵器と同じようにしか考えなかった」（弟のフランク・オッペンハイマー）

一日に一〇〇本たばこを吸ったオッペンハイマーは喉頭がんで一九六七年に死去した。六十二歳だった。

晩年のオッペンハイマーのインタビュー画像が残っている。かつての快活で雄弁な天才の面影はない。燃え殻《がら》のような老人がうつろな視線でぶつぶつと語っている。

（核兵器の登場で）もう世界はこれまでと同じではなくなった。そう告げたとき、何人かは笑い、何人かは泣いた。しかし大半の人々は沈黙したままだった。古代インドの聖典「バガヴァッド・ギーター」にこんな一節があるのを覚えている。ビシュヌ神が王子を戦いに参加するよう説くために化身して言う。「今や我は死神なり。世界の破壊者なり」。私の気持ちもそれに近い。（The Day After Trinity; Jon Else. 1980）

# 4　イタリアから来た男

## シカゴ大キャンパスのど真ん中につくられた原子炉

春、イタリアのローマで、二十二歳の青年と十六歳の少女が出会った。それぞれの仲間と一緒に、路面電車の停留所で待ち合わせた。

「街中より野原に行こうよ」

誰かがそう言い出して、電車の終点まで行った。川の畔に牧場があった。緑の牧草が広がっていた。

輝くような日差しが美しい、日曜日の午後だった。

「サッカーやろうぜ」

誰かがボールを取り出して言った。

「私は何をすればいいのよ」

呆然とする少女に青年は言った。

「ゴールキーパーやってくれよ。一番簡単だから。ボールが来たら止めてくれればいいんだ。心配しないで。僕たちが勝ってあげるから」

黒い背広に黒いソフト帽をかぶった青年がやさしげに言った。

だがその日、青年はついていなかった。ボールを蹴り合っている最中に、靴の踵が外れて仰向けに転んだのだ。少女はげらげら大笑いした。相手チームがシュートした。ボールは青年の体の上を越えて、キーパーの少女に向かって飛んだ。笑っていた少女の胸にぶつかって、シュートは決まらなかった。青年と少女のチームはゲームに勝った。

一九二四年の春の話だ。

やがて青年と少女は恋に落ち、四年後に結婚した。青年の名前はエンリコ・フェルミ。物理学の天才として知られ、二十二歳ですでに大学で教えていた。少女の名前はローラ（イタリア語ではラウラ）。後にローマ大学理学部に入学する。

そんなふうに、核技術の歴史の歯車は、最初のかすかな音を立てた。

私は、冷たい風が吹き抜ける二〇一二年のアメリカ・シカゴをさまよっている。

そのフェルミ青年が初めて核分裂の臨界実験に成功した場所を探しているのだ。

実験が成功したのは、ローマ郊外でフェルミがローラに出会ってから、十八年後のことだ。

シカゴ大学は1890年創立。キャンパスにはゴシック風建築が並ぶ

"Windy City"の愛称通り、シカゴはミシガン湖からの風が強く吹く。シカゴ大学のキャンパスは、超高層ビルが密集する都心から、南に一五分ほどタクシーで走ったところにあった。

庭園のような敷地に、重厚なゴシック建築が並んでいる。池の水に赤や黄の紅葉が映り、息を呑むほど美しい。

それにしても、だだっぴろいキャンパスだ。中に鉄道の駅が三つか四つある。大学の中をバスが巡回している。図書館ぐらい大学の中を歩けばすぐ見つかるだろうと思ったのが間違いだった。七〇年前、一九四二年にその原子炉があった場所は、昔はフットボールスタジアムだったが、今は図書館になっているとネットには出ていた。

図書館の裏に、ひっそりと記念碑が立っていた。タコが直立したようなブロンズ像だ。"Nuclear Energy"とプレートにある。彫刻家ヘンリー・ムーアの作品だと書いてあった。

一九四二年、ここには「スタッグ・フィールド（競技場）」という石造りの重厚なフットボール場があった。その数年前から大学は学生のフットボールを禁止していた。中世の城を模した競技場は使われないまま放置されていた。そのスタンドの地下にスカッシュコートがあった。そこが原子炉の設置場所になった。目立たない、広くて天井の高い空きスペース

上／世界初の臨界実験に成功した原子炉ＣＰ―1があったフットボール場は今は図書館になっていた
下／同図書館裏に置かれたヘンリー・ムーア作の記念碑

がそこしかなかったのだ。そこに高さ約六メートル、幅七・五メートルある世界初の原子炉が組み立てられた。そこで臨界状態をつくり出すことに成功したのは、同年十二月二日のことだ。

この話を読んだとき、ぎょっとした。すぐ隣に寮や校舎が密集するキャンパスのど真ん中に原子炉をつくったというからだ。当時は核分裂が生み出す放射能の人体への影響は医学的にはほとんどわかっていなかった。

原子核に中性子をぶつけて核分裂させても、原子一個では微弱な力しか出ない。多数の原子を連鎖的に分裂させて初めて、巨大なエネルギーを取り出せる。その連鎖反応「臨界」を初めて人工的につくり出したのが、この場所にあった原子炉「CP—1」だった。臨界状態を人工的につくり出せるなら、そのエネルギーを外に解き放てば爆弾になる。容器に閉じ込めて熱源としてタービンを回せば発電機になる。

シカゴ大学で誕生したのは、双子の兄弟が二人に分裂する前の受精卵なのだ。

その科学者チームのリーダーであり、頭脳の中心だったのが、第二次世界大戦の敵国イタリアから亡命してきた物理学者エンリコ・フェルミ（一九〇一〜五四）だった。

一枚の白黒写真がある。私は写真のコピーを手に、ゴシック建築の校舎の間をさまよい歩いて、その場所を探した。

スーツ姿の男一四人と女一人が校舎前の玄関に並んでいる。世界初の臨界実験に参加した科学者たちが一九四六年の臨界実験四周年同窓会に集まった記念写真だ。最前列の左端、いちばん目立つ場所に丸顔禿頭、太い眉毛の紳士が立っている。それがフェルミだ。

日本への原爆投下に反対したレオ・シラードはダブルのスーツにトレンチコートという姿で中列右端にいる。シラードはハンガリーから亡命してきた。フェルミやシラードのように、マンハッタン計画に参加した科学者の多くがナチスを逃れて欧州からアメリカに渡って来た亡命者だった。

シカゴ大学に集まったマンハッタン計画の学者たち。前列左がフェルミ。後列左端が伊原を教えたノーマン・ヒルベリー

伊原義徳が留学したときのアルゴンヌ研究所所長だったウォルター・ジンはフェルミの右隣にいる。伊原が出席した授業で「私は斧担当（アックスマン）でした」と冗談を飛ばしたノーマン・ヒルベリーは最後列左端にいる。万一

原子炉が暴走したとき、斧でロープを切ってつるした制御棒を落とす担当がアックスマンことヒルベリーだった。

写真が撮影されてから九年後、伊原はこのシカゴ大学のキャンパスにやってきた。そして、近くにあった留学生用学生寮で一年間暮らした。休日には、伊原もこのへんを散歩したかもしれない。そんな想像をめぐらせた。

想像ついでに、やってはいけない「歴史の『もし』」を考えた。もしあの一九二四年の春、ローマでエンリコ・フェルミ青年が妻ローラに出会っていなければ、アメリカで核兵器は生まれたのだろうか。原子力発電は生まれていたのだろうか。

ナチスドイツ同盟国のイタリア人だったフェルミがアメリカへの亡命を決意したのは、ローラ夫人がユダヤ系だったからだ。

## ノーベル賞とアメリカ亡命

話は一九三八年（昭和十三年）の十一月十日に飛ぶ。

三十七歳のフェルミはまだ大学教授としてローマに暮らしている。妻ローラと八歳の長女ネラ、三歳の長男ジウーリオの四人家族だ。ほんの一〇ケ月前、ローマ中心部に広々としたアパートを買ったばかりだ。フェルミの物理学者としての名声はすでに国際的に高かった。教職の給料や著作の印税で、生活は裕福だった。

その日のことを、ローラはこう書き記している。

ひじょうに早く私は家の電話によび出されました。

「フェルミ教授のお宅でしょうか」交換手の声です。

「はい、そうです」

「ではお伝えします。今夕六時にストックホルムからフェルミ教授に電話があるはずです」

ねむ気が一ぺんに飛んでしまいました。ストックホルムからの電話！　私はストックホルムからの電話の意味を推察することができたのです。広間から寝室に走って行く間に、私のスリッパの音はだんだんはげしくなりました。エンリーコはまだ頭をやわらかい枕のなかに深く沈めていました。

「起きて、エンリーコ！　今晩ストックホルムから電話がかかるんですって！」

静かに、しかし、すぐ起きあがったエンリーコは体を壁で支えながら答えました。

「それはノーベル賞のことだよ」

「もちろん、そうでしょう」

「それらしい話は聞かされていたのだが、ほんとうになったな。いよいよ僕らが考えた計画がうまくいくことになる」

私たちの計画というのは、翌年早くイタリアを去ることだったのです。もしエンリーコがノーベル賞をもらうのだとすると、私たちはずっと早く、一ヶ月以内にストックホルムに行き、そのまま戻らずに直接アメリカに行くことになるのです」

（『フェルミの生涯〜家族の中の原子』ラウラ・フェルミ　法政大学出版局　一九七七年）


二ヶ月前の九月、隣国チェコスロバキアとの国境地帯ズデーテン地方を割譲するようナチスドイツは要求していた。ドイツ系住民の多い地域である。が、チェコはれっきとした主権国家だ。それはナチスドイツが他国への領土的野心をむき出しにしたサインだった。しかしイギリスのチェンバレン首相は戦争よりヒトラーに妥協することを選んだ。チェンバレンとヒトラーら四国の首脳がドイツ・ミュンヘンで会談して、ズデーテンをナチスに明け渡すことを決めた。

フェルミがストックホルムから電話を受ける前日の十一月九日から十日にかけて、ドイツ全土でユダヤ人を標的にした暴動（水晶の夜事件）が荒れ狂っていた。商店やシナゴーグ（ユダヤ教の会堂）が破壊され、ユダヤ人はリンチにかけられた。ナチス政府は黙認した。政府が煽動した官製暴動の疑いも出ていた。

フェルミの家族も危険だった。とはいえ、最後までローラはためらっていた。ローマ生まれローマ育ちの彼女である。家族も友人もいる住み慣れた街だった。

一九三九年一月から、フェルミはアメリカのコロンビア大学で七ヶ月間、講義を担当することになっていた。そのままアメリカへ亡命する計画を密かに練った。しかし、預金を解約したり財産を処分したりしてはすぐに疑われる。移民は五〇ドルしか持ち出しができなかった。ノーベル賞の賞金があれば暮らしていける。

夕方、一家はじりじりしながらストックホルムからの電話を待った。電話はなかなかない。午後六時、しびれを切らしたフェルミはラジオニュースをつけた。ニュースは第二次人種法が発布され、ユダヤ人の行動の自由と市民権の制限が課せられた、というニュースを流していた。ユダヤ人の子供は公立学校から退学。ユダヤ人教師は解雇。弁護士、医師らはユダヤ人のみを客として営業を許される。ユダヤ系企業の解散。

それは一家にとって最悪の知らせだった。

電話が鳴った。ストックホルムからだった。スウェーデン科学学士院の役員が要点を読み上げた。

「ローマのエンリーコ・フェルミ教授にたいし、中性子照射による生成新放射性元素の確認ならびに、この業績に付随する遅い中性子による核反応効果の発見に関して、ノーベル物理賞が授与される」（前掲書）

同年十二月六日、フェルミ一家は列車でローマを出発しストックホルムに向かった。十二月十日の受賞式後、そのままアメリカ大使館に亡命を申請した。一九三九年一月二日、一家は船でニューヨークに到着した。

歴史の偶然とは不思議なものだ。フェルミがストックホルムでノーベル賞をスウェーデン国王から受け取った翌朝の新聞には、ノーベル賞のニュースと並んで、ドイツの物理学者オットー・ハーンとフリッツ・シュトラスマンが「核分裂」という現象を発見したことが報じられていた。フェルミはそれをニューヨーク到着後に知った。

フェルミ一家が写った写真がある。ニューヨークの港に船が到着した時のものだ。外国暮らしを不安がる妻ローラをフェルミは冗談を言って慰めた。

「僕たちはフェルミの分家をアメリカに創立したのだよ」

フェルミはマンハッタンにあるコロンビア大学で研究を続けることになっていた。投宿した大学そばのホテルには、約一年前にハンガリー生まれのユダヤ系物理学者レオ・シラードが先にイギリスからアメリカにわたって暮らしていた。「核連鎖反応」という概念を考え出したのはシラードだ（一九三三年）。偶然、コロンビア大学でフェルミとシラードというコンビが実現した。シラードはコロンビアだけでなく、シカゴやロスアラモスでもずっとフェルミの同僚として動く。

## 戦時下の核開発競争

一グラムのウラン235の核分裂が放つエネルギーは、石炭三トン、石油二〇〇〇リットルが燃えるエネルギー量に匹敵した。燃焼反応の二〇〇～三〇〇万倍にも当たる。科学者たちは、核分裂を兵器に使った時の巨大な破壊力に気づいていた。しかもドイツは先に核分裂を観測することに成功している。

ナチスが先に核兵器を手にしたらどうなるのか。

一九三九年九月一日、ナチスドイツはポーランドに侵攻した。ポーランドの同盟国だった英仏がドイツに宣戦布告し、第二次世界大戦が始まった。

先立つ一ヶ月前の一九三九年八月、シラードはアインシュタインと連名でルーズベルト大統領に手紙を書き、核開発の重要性を警告する。欧州での開戦の一ヶ月後、手紙はホワイトハウスに届いた。これがマンハッタン計画のドアを開けた。政府に「ウラン諮問委員会」が設置された。一九四〇年、政府から予算が支出され、フェルミたちコロンビア大学チームの研究が本格化する。

フェルミのチームが取り組んだのは、天然ウランと黒鉛を使って、自己維持する核分裂連鎖反応（臨界）を人工的につくり出すことだった。第六章（オークリッジ）で述べるような、天然ウランを濃縮する技術はまだ実用化されていない。ウラン235の濃度の低い天然ウランをそのまま使った。黒鉛は中性子を吸収する「減速材」である（福島第一原発のような「軽水炉」では黒鉛に代わって水が減速材として使われている）。臨界状態をつくり出すためには、厳密にウランと黒鉛の量、配置や制御方法を計算しなくてはいけない。その装置の仕組みを設計しなくてはならない。

フェルミたちは一辺二〇センチのブリキ缶を二八八個発注して、中に酸化ウランを入れハンダ付けで封をした。一缶に二七キロ入った一〇センチ×一〇センチ×三〇センチの黒鉛ブロックを発注して、特定のパターンで立体的にウラン缶を囲むように積み上げていった。酸化ウランは全部で八トン、黒鉛ブロックは三〇トンあった。

フェルミたちは、重いウラン缶を積み上げる作業にヘトヘトになった。大学のフットボール部の屈強な若者たちをバイトで雇った。作業がはかどった。一日の作業が終わると、科学者もフットボール選手も黒鉛のススで全身が真っ黒になった。

フェルミは後に原子炉と呼ばれるこの構造物を"Pile"（積み上げる）と名付けた。文字通り黒鉛ブロックを「積み上げて」つくったからである。"Reactor"（反応炉）という言葉が生まれるまで、原子炉はpileと呼ばれた。臨界反応に成功した実験炉「CP―1」は"Chicago Pile One"（シカゴのパイル1号）の頭文字だ。後に伊原が留学した時にアルゴンヌ研究所で授業に使われた原子炉は「CP―5」である。つまりフェルミたちがススまみれになってつくった実験炉の五代目だ。

ヨーロッパでは戦争が始まっていた。しかしアメリカはまだ参戦していない。そうやってフェルミたちがニューヨークでススまみれで奮闘していた一九四一年十二月七日、誰も予想していなかったことが起きた。日本軍がハワイの真珠湾にいた米海軍艦隊を奇襲攻撃したのだ。欧州の戦争に関わることをためらっていた米国は態度を反転させた。すると同時に日本の同盟国であるドイツとイタリアとも自動的に戦争に突入した。
ローラ夫人は書いている。

私たちは真珠湾攻撃を予知することができませんでしたし、日本人というものを見おとしていたのです！（前掲書）

真珠湾攻撃で、フェルミ一家は苦境に追い込まれた。五年以上居住しないと、アメリカの市民権は取得できなかった（一九四四年七月に市民権取得）。アメリカが日独伊と戦争状態になったことで、イタリア人である一家は「敵性外国人」になった。いつ財産を没収されるかもわからない。夫妻はノーベル賞の賞金を自宅地下の石炭置き場に埋めた。シカゴに研究拠点が移ったあとも、ニューヨーク郊外の住宅街に落ち着いていたフェルミは転勤を嫌がった。数ヶ月、ニューヨークからシカゴに通った。しかし敵性外国人は飛行機の搭乗を禁止されていたため、やむなく列車で通った。それも居住地から出るたびに地元検事局の許可が必要だった。
一九四二年八月、政府・軍の管轄下に入った核分裂研究は「マンハッタン計画」として兵器開発のプロジェクトになった。核分裂研究はシカゴに統合された。シカゴでの研究は国家機密として「冶金研究所」という暗号名で呼ばれた。

**核エネルギーを手にした人類は原爆への第一歩を踏み出した**

一九四二年十二月二日のことだ。

スタッグ・フィールド半地下のスカッシュ場は幅九メートル、奥行一八メートル、天井の高さは七・八メートルあった。六週間で黒鉛ブロックと酸化ウランの缶が積まれ「パイル」が建造された。ナチスも核兵器開発を始めているという情報が科学者や政府当局者を急き立てていた。

軍や政府からの見学者が見守る中、フェルミは実験のリーダーとして説明を始めた。

「原子炉は内部に中性子を吸着するカドミウム棒が入っておりますから、ただ今は動作しておりません。わずか一本のカドミウム棒で、連鎖反応を阻止するのに十分であります。（中略）それでは第一段階として、制御棒を全部原子炉から引き抜くことにいたしましょう」

誰もが固唾《かたず》を呑んで見守った。少しずつ少しずつ制御棒が抜かれた。何も起こらない。みんなイライラした。真冬の半地下のスカッシュコートは息が白く凍った。

昼食時間になると、イタリア人のフェルミは冷静に宣言した。

「食事に行くとしましょう」

再開して午後三時二〇分。少しずつ、制御棒を引き抜いていた。

「さあ、もう一フィート引いて」

フェルミが命令した。

「さあ、今度ですよ。原子炉は連鎖反応を起こします」

計数管の刻みが早くなり、記録グラフのカーブが上昇し始めた。核分裂の連鎖反応が始まっていた。みんなしんと黙ったままだった。じっとグラフを見つめた。二八分後、カーブは水平になった。連鎖反応が自己維持を始めた証拠だった。「臨界状態」である。

何の音もしなかった。計数管の刻みだけがカチカチと音を立てていた。

人類は初めて、核エネルギーを解放した。自らの手で核分裂をつくり出し、持続させ、止めることができるようになった。イタリア・トスカーナ州のキャンティ・ワインがフェルミに贈られた。一同は紙コップで祝杯を上げ、藁のボトルカバーに寄せ書きをした。

政府当局者に、予め決めてあった暗号による電話がかかった。

「イタリア人の船乗りは新世界に到達しました」（一九四二年はコロンブスの新大陸到達か

ら三五〇年目。コロンブスもイタリア人〉
「先住民の態度はどうだった？」
「とても友好的でした」

一九四四年八月、フェルミ一家はシカゴからニューメキシコ州ロスアラモスに引っ越した。オッペンハイマーが指揮を執る原爆製造に参加するためである。トリニティでの爆発実験にも、フェルミは立ち会っている。しかし核兵器についてフェルミ自身の言葉はほとんど残されていない。

もう一度、ローラ夫人の筆を借りよう。実験は極秘だったので、夫人も夫がどんな実験に参加したのか知らない。

夕方おそくなって、幾人かの人が帰ってきました。彼らはひからびて皺くちゃになったようにみえました。南の砂漠の暑気に焼かれ、死んだように疲れきっていました。エンリーコはとてもねむがって、一言もいわず寝床にもぐりこみました。翌朝「トリニティからの帰途、僕は生まれて初めて自動車を自分で運転するのが危ないと感じたよ」とだけしか家族に話しませんでした。まるで自動車がカーブからカーブにかけて直線的に飛ぶようにみえたそうです。

（中略。広島への原爆投下後、実験内容が公表された）

さて私は、エンリーコに質問できることになりました。彼はその爆発をどのように描写できるでしょうか？「僕は客観的には表せないよ。僕はその光はみたが、その音は聞かなかったのだから」と言いました。

「聞かなかったのですって？　そんなことはないでしょう？」私は戸惑いながら尋ねました。（前掲書）

フェルミはトリニティの砂漠で、手から離れた紙片が爆風でどれくらい飛ぶか、歩数で距離を計測する「実験」に熱中していた。それから核爆弾の爆発力を逆算していたのだ。実験と計算に夢中で、あの巨大な爆音にすら気づかなかったのだという。

計算のあと、フェルミは放射能を防ぐために鉛で内張りをした戦車に乗って爆心地に行った。半径一二〇メートルほど地面がくぼんでいた。地面が緑色のガラス状の物質で覆われ、なめらかになっていた、とローラ夫人が書いている。私が砂漠の地面で見つけた「トリニタイト」だ。
広島と長崎の惨状が報じられるにつれ、核兵器やその使用の正当性をめぐって国際世論は沸騰した。ローマ法王は核兵器を非難した。カトリックの多いフェルミ一家の祖国イタリアは困惑した。ロスアラモスの科学者たちも分裂し対立した。国際組織に核兵器の管理を委ねることを提唱するオッペンハイマーらは「ロスアラモス科学者連盟」（アメリカ科学者連盟に発展）をつくり、声明文を出し、記事を書き、講演をして歩いた。後に「水爆の父」と言われるエドワード・テラー（やはりハンガリー生まれの亡命科学者）はソ連と対抗するためにより強力な核兵器を開発することを主張する。

エンリーコはこれらの見解の多くに同意しませんでした。彼は、歴史の先例によれば、兵器の進歩に怯えて人類が戦争をやめたことがないというのが常でした。（前掲書）

イタリアでファシズムの勃興を体験したフェルミは、人間の限界を冷徹に洞察していた。そのせいか現実の政治には深入りしなかった。ナチズムの危機が家族に及ばなければ、実は兵器開発にも興味がなかったのかもしれない。それは軍の命令や機密に縛られた不自由な研究生活であり、自由な研究や実験を愛するフェルミはうんざりしていた。

フェルミ一家は一九四五年の大晦日《おおみそか》、ロスアラモスを去ってシカゴに戻った。フェルミは新しい研究対象「サイクロトロン」(磁場を用いて荷電粒子に円形の軌道を描かせて加速する加速器)に没頭した。シカゴ郊外にある国立高エネルギー物理学研究所には「フェルミ国立加速器研究所」の名前が冠せられた。直径二キロという巨大な陽子・反陽子衝突型加速器「テバトロン」があった(二〇一一年九月で運転を停止)。一九五三年にはアメリカ物理学会の会長に就任する。

一九五四年夏、フェルミは末期がんであることがわかり、十一月二十八日に死去した。まだ五十三歳だった。

# 5　初めての日本人留学生

## 核技術の学校に世界各国の人材が集められた

フェルミのいたシカゴ大学から南西に車で三〇分走った。イリノイ州名物の平原を突っ切るフリーウエイを進む。ふと見ると、道路脇の草原を牝鹿《めじか》が走っていた。ぴょんぴょんと飛ぶように走って、雑木林に消えた。

かつてコーンや小麦畑だった平原はモールや住宅地になった。東京近郊で言えば埼玉や千葉のような大都市郊外の造成地だ。

そんな場所に「アルゴンヌ国立研究所」はある。原子炉と一緒に、フェルミたちの研究チームが引っ越してできた。シカゴのど真ん中、大学のキャンパスにむき出しの原子炉があるのは危険すぎることがわかったからだ。一九四六年七月に開設された。元々は「ルモント」と呼ばれた地区である。「アルゴンヌ」はパリ郊外の森の名前だ。それに似た森林を拓いてできた。

研究棟や住宅棟の間にドーム屋根の建物が出現する。廃炉になったかつての原子炉の跡だった。とはいえ研究所は今も現役である。六・九平方キロメートルの敷地で三五〇〇人（うち一二五〇人が科学者）が働いている。四分の三が博士号保持者という頭脳集団である。

ロスアラモス国立研究所が核兵器開発、オークリッジ（六章）がウラン濃縮の頭脳なら、ここは原子力発電技術の頭脳である。飛行機で西に五時間ほど飛んだアイダホ州には七章で述べる「国立原子炉試験基地（ＮＲＴＳ）」があって「アルゴンヌ西部支店」（Argonne

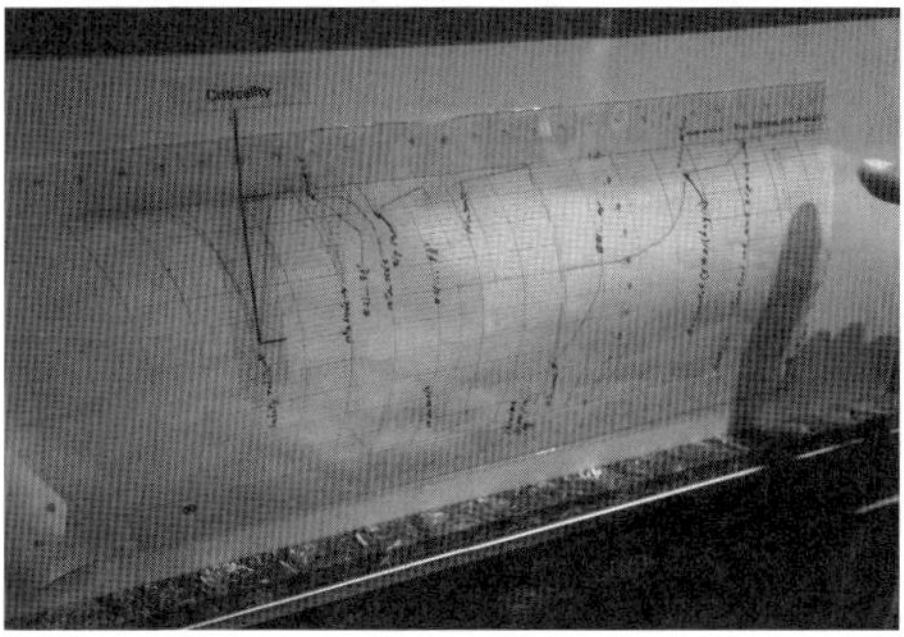


上／アルゴンヌ国立研究所。かつて原子炉を格納した容器が倉庫に使われていた
下／同研究所には、ＣＰ－１が人類史上初めて臨界を人工的につくり出した瞬間の記録が残されている

West）と呼ばれる。世界で初めての原子力発電は、一九五一年にアルゴンヌの研究スタッフがアイダホに設置された原子炉を使って成功した。そのことは後で述べる。

伊原義徳が留学した"International School of Nuclear Science and Engineering"（ISNSE）はこのアルゴンヌにあった。Science は基礎研究。Engineering は応用工学。それを学ぶ留学生とアメリカ人のための学校。そんな意味だ。修士や博士号など学位を取るための学校ではない。アイゼンハワー大統領が"Atoms for Peace"演説で提案した政策を実現するためにつくられた学校だ。冷戦時代のまっさかり、アメリカの「核技術移転政策」は、留学生の学校としてイリノイの平原に姿を現した。

一九五四年三月三日の朝、工業技術院調査課にいた伊原は課長に声をかけられた。「昨日から報道されている衆議院の予算修正動議の科学技術振興費三億円のうち、原子炉築造費補助金（修正後二億三五〇〇万円）は調査課で担当することになる」と言う。俗に言う「中曽根原子力予算」である。

伊原は商工省に入省して六年半の若手だった。東京工業大学を出た伊原の夢は「科学技術重視の行政」だった。「日本の現代物理学の父」仁科芳雄《にしなよしお》や武谷三男《たけたにみつお》と親交のあった伊原は、電気工学出身らしく原子力発電に興味を持っていた。調査課は国会図書館の分室も兼ねていたので、アメリカの原子力専門誌『ニュークレオニクス』を購入したいと申請したが、上司は「原子力発電などまだまだ先の夢のような話」と相手にしてくれなかった。学界の権威である日本学術会議では、日本の原子力研究のあり方について前年から議論が沸騰したまま結論が出なかった。「中曽根原子力予算」はそれを瞬く間にひっくり返した。

五四年末、課長が伊原に尋ねた。

「君は英語が話せるかね」

「読み書きはできますが、話す方はどうも」

「じゃあ、勉強しておくように」

伊原は役所の帰路、英会話学校に通い始めた。

留学出発はドタバタだった。五五年二月初め「米国に原子力留学に行くように」と指示が来た。出発したのは同月二十六日だ。羽田を飛行機で発ってワシントンＤＣに着いたのは三月初めである。

もう一人、一緒に日本から留学したのは当時東大工学部電気工学科助教授だった大山彰（故人）である。ワシントンで一週間のオリエンテーションを受けた。国と国の留学事業だったのだ。世界から三九人の科学者や技術者、官僚が集まっていた。国の将来を担うエリートたちばかりだった。国別の内訳はこうだ。

| | | |
|---|---|---|
| オーストラリア二人 | メキシコ一人 | グアテマラ一人 |
| ブラジル一人 | アルゼンチン二人 | フランス二人 |
| スイス一人 | スウェーデン一人 | ベルギー四人 |
| スペイン二人 | ポルトガル一人 | ギリシャ二人 |
| エジプト二人 | イスラエル一人 | パキスタン一人 |
| インドネシア一人 | タイ二人 | フィリピン一人 |
| 日本二人 | 米国九人 | |

シカゴに着いたのは三月十三日ごろだ。まだアルゴンヌに学生寮はできていなかった。留学生はシカゴ大学にある「インターナショナルハウス」（留学生寮）で暮らすことになった。

毎朝、バスが留学生たちを迎えに来た。

シカゴ郊外を走ると、古い自動車が山のように積んで捨てられていた。冬でも室内は暖房ががんがん効いていて、暑い。がまんできず窓を開ける。マイナス二〇度にもなるシカゴの冬で、暖房が効きすぎて窓を開けている。エネルギーの専門家である伊原は、モノだけでなくエネルギーの豊富さにカルチャーショックを受けた。

伊原の留学費用は二億三五〇〇万円の原子力予算から出ていた。生活費は一日八ドルだった。当時の最エリートだったアメリカのフルブライト奨学金を受けた日本人留学生でも一日六ドルだった。「原子力の先生はお金持ちだ」と他の日本人留学生の間で評判になり、会う人に「おごってくれ」とからかわれた。

アルゴンヌ国立研究所には、かつて伊原義徳たちがシカゴの宿舎から研究所に通ったバスの写真が残っていた

当時のアルゴンヌの所長はウォルター・ジン、副所長兼校長がノーマン・ヒルベリーだった。どちらもマンハッタン・プロジェクトの初期、フェルミと一緒にCP―1の実験に参加し

1955年3月14日午前9時に始まったアルゴンヌ研究所の第1回授業。手前から2人目、俯いているのが伊原義徳（Argonne Newsより）

た物理学者である。教科書は原子力発電工学の古典であるイギリス人物理学者サミュエル・グラストンの本だった。原子力発電を夢見る若者たちにとって、世界最高の環境がそこにはあった。それまで一年間工業技術院調査課で原子力発電行政を担当した伊原は、おそらく当時日本でもっとも原子力発電に詳しい人材の一人だったはずだ。しかしその伊原でも授業は知らないことだらけだった。

授業の英語は聞き取りにくい。必死でかじりついていくしかなかった。教授が授業中にジョークを飛ばして回りがどっと笑っているのに、自分だけきょとんとしているのがシャクだった。話の内容はだいたいわかっても、教授の結論がよくわからない。言葉の間違いで恥をたくさんかいた。

日本では原子力発電の文献すらほとんどない時代に、アルゴンヌには原子炉「CP―5」があって授業に使われていた。運転中の原子炉を見学する授業があった。一人ずつ線量計をつけて原子炉の上に登った。

「これ、大丈夫なのか？」

若い伊原はヒヤヒヤした。いくら「いやいや大丈夫だ」と自分に言い聞かせても落ち着かなかった。「股の間がスースーする」ようだった。

大陸横断鉄道に乗ってアイダホの試験基地に行った。行けども行けども平原だった。人跡の絶えた溶岩砂漠に高速増殖炉、熱中性子炉、ナトリウム冷却炉など様々な実験炉があった。使用済みのウラン燃料棒からプルトニウムを再処理する作業も行われていた。テネシー州オークリッジのウラン濃縮施設や原子力潜水艦に搭載する原子炉、後に福島第一発電所の原子炉をつくるゼネラル・エレクトリック社の工場も見学した。

八ヶ月の留学は瞬く間に過ぎた。一九五五年十一月、伊原は帰国した。

## 一九五六年、日本初の臨界実験が成功

帰国するとき、伊原は思った。

「自分は日本に帰って原子力行政の仕事に携わるのだけれど、米国では、全土にわたってこれだけ立派な研究施設を持ち、たくさんの人が働いている。日本では、とてもこれだけ

の研究施設は自分の生きている間は持てないだろう。こういう立派な施設でなく、もう少し金のかからない研究施設をどういう風にしてつくるか、それが自分の仕事の重要な一部になるだろう」

伊原にとって、この予測はいい方向に外れた。

帰国してみると、原子力発電をめぐる環境は激変していた。「原子力基本法」「原子力委員会設置法」といった原子力行政立ち上げの仕事が待っていた。

留学中の一九五五年八月にジュネーブで開催された「原子力平和利用国際会議」で世界の世論が激変していた。それまで兵器として軍事機密だった核技術は「平和利用」という新しい衣をまとってデビューした。「平和利用」であれば積極的に技術を移転・輸出しよう。核技術の保有国の姿勢は反転した。そのための国際的な枠組みができた。政府主導だった原子力に、民間企業が参入して「原子力産業」が生まれていた。「アメリカから金をもらって、尻尾《しっぽ》を振ってでかけるけしからんやつ」。そんな学界の伊原たちへの批判も鳴りを潜めた。

当時、原子炉の燃料である濃縮ウランは核兵器の材料だった。生産も保有もアメリカ政府だった。アメリカの核技術移転政策には「おまけ」というか「おみやげ」がついていた。

伊原たち留学生を受け入れることに加えて、濃縮度二〇％までのウラン２３５を六キロまで貸与する（兵器用濃縮ウランは九〇％以上）。三五万ドルを上限に、原子炉築造費を補助する。研究炉を輸出する。いたれりつくせりである。

当時、濃縮ウランの「賃借料」は一グラム一八ドルくらいだったと伊原は記憶している。専用容器に入れた「六フッ化ウラン」が一九五五年十二月に陸揚げされた。その様子は報道陣にも公開された。

伊原が帰国して二ヶ月足らずの一九五六年一月一日「原子力基本法」が施行された。原子力委員会も発足した。日本の「原子力元年」だった。

すべてが急テンポで動き始めていた。総理府に原子力局ができて、伊原はそこへ異動した。同年五月十九日には同局は「科学技術庁原子力局」になる。同六月「日本原子力研究所」、八月に「原子燃料公社」が発足する。

日本最初の実験原子炉「ＪＲＲ―１」の建造が茨城県東海村で始まったのはその一九五六年夏。原子炉専門家の研究・教育のための原子炉である。発電施設はない。換算すれば出力は五〇キロワットほどの小さなものだった。

翌一九五七年八月二十七日朝、ＪＲＲ―１は臨界状態を達成した。

エンリコ・フェルミがシカゴで人類初の臨界実験に成功してから一五年。アイゼンハワー大統領の〝Atoms for Peace〟演説から四年弱。伊原たちが留学に出発、ゼロから原子力を日本に導入してからわずか二年だった。

日本が初めての原子力発電に成功したのは、それから七年後の一九六三年だった。

黒いレクサスの助手席に乗って、アルゴンヌ国立研究所の中を回った。

案内してくれたのは、かつて統合型高速増殖炉（Integral Fast Reactor　原子炉と燃料再処理工程が同居）開発の責任者だった韓国系アメリカ人チャン・ユーン博士だ。現在は引退して「研究所専属のヒストリアン」になっている。いわば研究所の「語り部」である。韓国で大学を終え、アメリカに来た。一九七一年にミシガン大学で博士号を取った。アルゴンヌでは一九七四年から働いている。

「ご出身はソウルですか」

「そうです」

「ソウルはよく訪ねます。好きな街です」

「私がソウルにいたころ、江南《カンナム》は何もない場所だったんですがね」

同じ東アジア系の相手に親しみが湧いて、つい世間話をしてしまう。

「どうしてアメリカに移民されたのですか」

「私が大学を出たとき、韓国には原子力工学の仕事がなかったからです」

上／アルゴンヌ国立研究所に展示されているＣＰ－１の模型。黒鉛のブロックを積み上げた文字通りの黒鉛炉だった
下／同研究所を案内してくれた韓国系アメリカ人のチャン・ユーン博士。アメリカに渡り、アイダホで統合型高速増殖炉の研究を主導した

私は黙った。そのころの韓国はまだ貧しい、自由の乏しい軍事独裁の国だったことを知っているからだ。

フェルミがイタリアからやってきて以来、この国の核技術研究を支えているのは、チャン博士のように世界から集まってきた移民たちだ。アメリカは世界の頭脳にドアを開けている。広義には、伊原もそのアメリカの開けたドアから入った一人だ。そんなアメリカが、差別的だったドイツや日本に、第二次世界大戦の核技術開発競争に勝った。移民に開放的な国のほうが国力の競争では底力がある。

私はそんなことを考えている。

「私が研究所に来たころ、あそこに住んでいました」

チャン博士が指さした。芝生の敷地に赤いレンガ色のアパートが並んでいる。

伊原が留学してきたころ、まだ研究所には住宅がなかった。だから伊原は毎日片道一時間かけてシカゴ大学の寮から通った。今では研究所の敷地内に家族寮も独身寮もある。外部からの短期滞在研究者や要人の訪問が多いため、研究所専用のホテルまである。

冷たい雨が降っていた。

伊原たちが胸踊らせながら見学した原子炉CP―5を見たかった。だが、かなわなかった。とっくに原子炉は廃炉されて建物も取り壊され、雑草に埋もれたコンクリートの土台が雨に打たれていた。伊原がいたころ建造された実験炉も廃炉されていた。ドーム型の建物に近づいてみると、丸い格納容器の中は空っぽだった。建物は真っ暗だった。

上／1955年、伊原義徳ら世界からの留学生が学んだ原子炉ＣＰ－５は取り壊され土台しか残っていなかった
下／1956～67年まで運転されたＢＷＲ型の実験炉「ＥＢＷＲ」も今は倉庫に。福島第一原発の遠い先祖に当たる

そこに流れた五七年の歳月を想像しようと、私は暗闇に目を凝らした。

（この章は伊原義徳の一九九二年一月十六日の講演録『初の原子力留学と原子力開発の流れ』と筆者の伊原へのインタビューに依拠している）

# 6　濃縮ウラン工場の街で

## 現役の軍事機密都市、オークリッジ

「Y—12」とか「K—25」とかいう奇妙な名前がハイウエイの道路標識に現れ始めた。一体何の意味だと思ったら、街の名前だった。

アメリカ東南部のテネシー州に来ている。山脈の登り坂をそろそろと走った。両側は赤や黄色の紅葉で彩られている。十月。グレート・スモーキー山脈の高原に秋が来ていた。見渡す限り錦織のような風景である。

この高原はカナダ国境からミシシッピ州まで、アメリカを南北にぶちぬくアパラチア山脈の一部だ。高いところで標高は二〇〇〇メートルほどある。温帯で、しかも降水量が多い。九州や沖縄と同じぐらい雨が降る。おかげで水量の豊かな川が流れ、山に渓谷を刻んだ。温帯落葉樹の深い森林が育った。穏やかな丸みを帯びた山といい、植生《しょくせい》といい、水の豊かな渓谷といい、風景が日本の山野に似ている。車を運転していて、福島県の阿武隈《あぶくま》山地を走っているような錯覚に何度か襲われた。

このアパラチア山脈沿いの丘陵地帯に移民したアイルランドやスコットランド、東ヨーロッパの入植農民たちが、故郷の音楽を演奏するうちにミックスしてできあがった音楽が

「カントリー・ミュージック」の祖先だ。今もテネシー州の州都ナッシュビルは「カントリー音楽の聖地」として知られている。豊富な湧水を使って醸造されるテネシー・ウイスキー(バーボンの一種)が「ジャック・ダニエルズ」だ。

カントリー・ミュージックとバーボンのふるさと。「テネシー」という名前には牧歌的なイメージがある。私の目の前に広がる紅葉と緑の風景はそんなイメージそのまま田園である。そんな美しい田園で私は核技術の重要施設を訪ねようとしている。

「オークリッジ国立研究所」に向かっている。第二次世界大戦中、山深い奥地に濃縮ウランの製造工場として建設された。濃縮ウランは原子力発電の燃料棒、核爆弾の原材料である。戦争が終わるまで、その存在すら地図に載っていない秘密都市だった。それが今は「オークリッジ」という市になった。「Y—12」「K—25」という秘密プラントの暗号名が、そのまま街の名前になった。

レイ・スミスという名前の歴史研究家と待ち合わせる約束だった。研究所のウエブサイトから取材を申し込むメールを送ったら、ここでも「専属のヒストリアンをエスコートさせて研究所内を案内しましょう」と提案してくれたのだ。

しかし、待ち合わせ場所のビジターセンターがわからない。なにしろオークリッジ研究所の敷地全体で神奈川県川崎市と同じ一四二平方キロもあるのだ。施設から施設まで移動するのにいちいちハイウエイに上がって一五分かかる。

高速道路の料金所のようなゲートが見えた。ああ、よかった。あそこで道を聞こう。

これが失敗だった。

「オークリッジ研究所はどこですか」

車をゲートに入れてそう告げたとたん、ボックスの中の迷彩服の兵士の顔がこわばった。

「あっちに車を寄せなさい」

そう指さしている。脇の路側帯に入る。ライフルを担いだ兵士が何人かやってきた。レンタカーのカローラを取り囲み、デジカメで写真を撮る。鏡のついたバーで車の下をチェックする（爆弾がないかどうかの検査）。シェパード犬が嗅ぎまわる。免許証にパスポートに、あらゆる身分証明書を調べられ、身体検査までされた。

三〇分以上あれやこれやと調べられ、やっと解放された。アポイントにはすっかり遅刻だ。

「そりゃマズいことをしましたね」ビジターセンターで待っていたレイ・スミスは、サンタクロースのようなお腹をゆすって大笑いした。白髪に白いあごひげ。メタルフレームのメガネ。いかにも善良そうなアメリカの田舎のおじさんという風体だ。

私は広大なオークリッジの中でも、いちばんセキュリティの厳重なエリアに迷い込んでしまったのだ。その先では、廃棄を引き受けた世界の核弾頭が貯蔵されているという。今もオークリッジは核兵器の技術研究が行われている現役の軍事機密都市なのだ。

オークリッジ国立研究所。軍事秘密基地だったころの名残、検問跡。細長い窓は機関銃を据える銃座用

「核弾頭を奪いに来たテロリストだと思ったんでしょう」とスミスはニヤニヤ笑いながら言った。

何でまた一体「Y—12」とか「K—25」とか記号のような地名なんだろう？　もっとわかりやすくしてくれたらいいのに。

そうボヤいたら、スミスは「それはいい質問だ」と言った。第二次世界大戦中、ここで濃縮ウランの製造が行われていることがわからないよう、まったく意味のない地名がわざと与えられた。ウランは「ウルカロイ」、プルトニウムは「49」と文書にも暗号で表記された。それは外部に秘密が漏れないという機密保持だけではなく、オークリッジの中で働く一般市民たちにも研究の目的を一切知らせないためだった。

ちなみに、マンハッタン・プロジェクトの重要施設はすべて暗号名で呼ばれていた。濃縮ウランを製造していたオークリッジは「Site X（X現場の意味）」、核兵器設計の頭脳・ロスアラモスは「Site Y」。プルトニウムを製造していたワシントン州ハンフォードは「Site W」である。

どこの核技術研究所でもそうだが、歴史を公開する博物館が併設されていて、自由に見ることができる。スミスのようなヒストリアンのエスコートがついて説明し、あらゆる質問に答えてくれる。

なるほど「情報公開」とはこういうものなのかと思う。「求められたら公開する」ではなく「どうしても秘密にしなくてはいけないこと以外は、全部最初から進んで公開する」なのだ。日本から来たフリー記者が「本を書いている」と言っても、取材で何ら差別しない。産業上、軍事上の機密以外は原則すべて公開。オープンである。

私は日本の原子力産業の取材を思い出した。原発そのものはもちろん、電力会社も取材は大変だ。新聞社の社員記者だったころも、大変な手続きと時間がかかった。あれやこれやと理由をつけてはフリー記者は断られる。市民が気軽に見学に立ち寄るなど思いもよらない。ジメジメと陰気臭い。隠しごとの匂いがする。そんな落差に愕然とした。

アメリカでは「核技術の歴史に誇りを持っている」と胸を張って言う。からりと乾いていて、隠しごとや後ろめたさを感じさせるものがまったくない。

「どうして戦争が終わって秘密基地じゃなくなったのに『Y―12』という名前を変えなかったのでしょう？」

「Y―12という名前には歴史的意味があるからです。地元民の私たちはそれを誇りに思っています」

「具体的にはどういうことでしょうか」

そう尋ねると、スミスはこの取材の旅で何十回と聞いたセリフを言った。

「ここで生まれた原子爆弾は第二次世界大戦の終結を早め、日米双方の兵士の命を多数救いました」

善良そうなアメリカのおじさんがニコニコしながらそう言う。日本人の私に向かって。ぎょっとした。

確かに数の計算ではそうなのだ。あのまま敗戦がズルズルと遅らされて本土上陸作戦が決行されていたら、どうなっていたのか。日米双方で何人がさらに死んだのか。それはヒロシマとナガサキの犠牲と差引で「良かった」ことなのか。そもそも、そんな邪悪な計算自体が許されるのか。

考えているうちにめまいがしてきた。

ここに来る前に、アメリカ史の本を読んで私は知っていた。ヒロシマやナガサキに原爆を投下して非戦闘員の市民を大量に殺戮したことには、戦後アメリカ国内でも轟々と非難が起きたこと。その論争は一九八〇年代の冷戦の最盛期まで"No Nukes"(反核。反原発、反核兵器を両方含む)運動として続いたこと。オークリッジなど核技術開発施設にも反核デモが押し寄せ、バッシングにもさらされた。地元の住民にすれば「故郷の誇り」を傷つけられる出来事だった。

その時に核開発を擁護する言葉として使われたのは「第二次世界大戦の終結を早めた」「冷戦で全面核戦争を防ぐ抑止力になった」だった。言わば「公式見解」「建前」なのだ。

まあ、いい。今は取材が優先だ。それにスミスは善良そうな人だ。日本から来た記者に「わが郷土の自慢」をしただけで、悪気はなさそうだ。

**ウラン濃縮に一万トンの銀と国内の一〇分の一の電力を投入**

スミスの運転する車に乗って、オークリッジの中をぐるぐると回った。ばかみたいに広い。ウラン濃縮のためだけに山を切り開いて街を建設したのには理由がある。一つには、山中に隔絶した街へのアクセス道路を少なくして検問を設け、軍事機密が漏れないようにするためだ。ロスアラモスと同じだ。

もう一つには、近郊の都市ノックスビルから距離をあけておくためだ。もちろん、核物質を扱う工場で万一の事故が起きたときに被害を少なくする意味がある。

天然に存在するウランの九九％以上はウラン２３８という核分裂を起こしにくい物質である。核分裂を起こすウラン２３５は一％以下しか含まれない。天然ウランは、そのままでは「燃えない燃料」なのだ。爆弾にしろ発電にしろ、エネルギーを取り出す核燃料として使えるようにするには、原子炉用で三〜五％、核爆弾用で八〇〜九〇％までウラン２３５の濃度を上げなければならない。この工程をEnrichment＝「濃縮」と言う。

ところが困ったことに、ウラン２３８とウラン２３５は化学的特性がほぼ同じなので、化学的に分離することができない。だから２３８と２３５のかすかな質量の違いを利用して、物理的な力で引き離すしかない。一九四二年にオークリッジの建設が始まったころには、大学の実験室レベルで数種類の濃縮方法の実験が成功していたにすぎなかった。それを原爆製造という大量生産レベルに引き上げるには、どの製造法が一番効率がいいのかわからなかった。当時アメリカはナチスとの原爆製造競争の真っ最中である（少なくともアメリカはそう思っていた）。別々に試している時間がない。

そこで三つ別々の製造法を使ったプラントが同時に建設されて並行して操業した。「Y―12」は「電磁濃縮法」、「K―25」は「ガス分離法」を使うプラントの名前だった。原爆に使われた濃縮ウランの大半はY―12で製造されたものだ。

Y―12を見たかったが、建物はもう取り壊されて、ない。仕方がないので、同じオークリッジにある"American Museum of Science and Energy"を見学することにした。カリフォルニア大学バークレー校がつくった「カルユートロン」という高さ六メートルもあるU字型のでかい装置があった。電気磁石で磁場をつくり、その中を気体にしたウラン235と238の混合物をくぐらせる。すると、わずかな質量の差で両者の軌道がずれる。それをフィルターでキャッチする。そんな繊細な方法で235の純度を高めるのだ。

しかしややこしい。Y―12だK―25だと、ただでさえややこしい名前に、難解な核技術用語が英語でのっかり、頭が混乱してきた。

頭をかきむしる私を見て、スミスがノートに絵を描いて説明してくれた。

「同じ長さのゴムひもをピンポン球とゴルフボールにつけて振り回すと、重さの違いで描く弧が変わってきますね？　原理はそれと同じです」

ああ、やっとわかった。

この製造プラントに必要な磁場をつくるには、巨大な電気磁石＝電線を巻いたコイルが必要だ。しかし電線材料の銅は戦時の軍需物資として優先的に提供されていたため、ない。マンハッタン・プロジェクトの責任者だったグローブス将軍は、破天荒なアイディアを実行する。銅と並んで電気抵抗の少ない金属は銀だ。大量の銀はどこかにないのか？　ある。財務省が保有していた通貨兌換用の銀だ。

命令を受けた軍の担当官が「五〇〇〇トンから一万トンの銀が必要なのですが」と連絡すると、ダニエル・ベル財務副長官は「財務省では銀を計るのにトンという単位は使いません。トロイオンス（三一・一〇三グラム）ですが」と答えた。

結局、コイルに使われた銀は一万三五〇〇トンだった。国の財貨をコイルに使ってしまうなんて、戦時とはいえ、アメリカらしい常識破りの話である。軍がこの時に借りた銀を財務省に返し終えたのは一九七七年だった。

「濃縮ウランプラントがテネシーにつくられたのには、もうひとつ理由があります」

スミスは言った。

「ＴＶＡをご存じですか」

もちろん知っている。高校の世界史や政治経済の授業で習った。「Tennessee Valley Authority」つまりテネシー渓谷開発公社のことだ。一九三三年にフランクリン・ルーズベルト大統領が実施した世界恐慌対策。ニューディール政策のひとつ。テネシー川流域の開発が目的。多数のダム工事が行われ、失業者を吸収した公共土木事業の魁《さきがけ》。

そこまで言って気づいた。テネシー。グレート・スモーキー山脈の渓谷。ダム。水力発電。オークリッジ。濃縮ウラン。すべてが一直線に並んだ。なるほど、そうだったのか。

説明はこうだ。Ｙ—12にしろＫ—25にしろ、ウランの濃縮には莫大な電力が必要だった。オークリッジだけで当時の全米の一〇分の一の電力を消費したという記録が残っている。その巨大な電力の供給源が、テネシー州にはあったのだ。それがルーズベルトがニューディール政策でつくったダムや水力発電所だったのだ。今もＴＶＡは水力だけでなく火力発電所や原子力発電所まで所有している。ニューディール政策は世界の「公共事業」の魁だ。テネシーはそのゆりかご。オークリッジもそこで生まれた赤ん坊のひとつなのだ。日本の原子力発電でよく聞いた「国策」。そんな言葉が思い浮かぶ。

オークリッジのY―12は、一九四三年二月に建設が始まり、突貫工事で同年十一月には装置を稼働させた。パイロットプラントなしの操業は難航を重ね、一九四四年一月二十七日、ようやくウラン235の大規模な濃縮に成功。同年二月二十九日までに、濃度一二％のウラン235を二〇〇グラム生産した。

ウラン235はただちにロスアラモス研究所に送られ、濃縮ウランを燃料とする初めての原子炉「LOPO」で使われた。直径一フィート（約三〇センチ）のステンレスの球体の中にウラン235が詰め込まれた。エンリコ・フェルミやリチャード・ファインマン（一九六五年にノーベル物理学賞を受賞）らが見守る中、一九四四年五月に臨界に達した。

貴重な核兵器の原料を奪われないよう、輸送は極秘だった。私服の輸送要員が、ごく普通の列車と車を使ってテネシーからニューメキシコ州までウラン235を手で運んだ。一九四五年三月には、もうひとつガス分離法の巨大プラントK―25が操業を始めた。戦後まもなく、Y―12は役目を終えた。

オークリッジには核技術史に残る「初めて」がいろいろある。

世界で初めて発電に成功した原子炉X―10。初めてプルトニウムを取り出した原子炉でもある

例えば、シカゴで臨界実験に成功したCP―1のあと、初めてエネルギーを取り出すことに成功した原子炉X―10は一九四三年十一月、オークリッジに完成した。操業を停止した今も、史跡として見学できるので、行ってみた。

体育館のような伽藍《がらん》に、高さ六メートルのパネルがあって、無数の穴があいている。ここからウランの燃料棒を水平に差し入れる。天然ウランを燃料にした、空冷式の黒鉛炉。カーキ色に塗られた鉄骨が無骨に組み上げられている。よく見ると表示文字はペンキの手書きである。クラシックな工場という外見だ。

当初の設計では出力は一〇〇〇キロワット。福島第一原発一号機は四六万キロワットだから四六〇分の一である。小ぶりとはいえ、日本ではまだ核分裂の可能性を理論上で議論していた一九四三年に原子炉を完成していたことを考えると、その差に愕然とする。

同じオークリッジの敷地で濃縮ウランをつくっているのに、濃縮しない天然ウランを燃料にした原子炉が一九四三年に操業していたのは不思議に思うかもしれない。が、これには訳がある。ウランと並ぶ核兵器の材料であるプルトニウムをつくる目的がX―10にはあったからだ。広島に投下された原爆はウラン型だが、長崎に投下された原爆はプルトニウム型である。X―10はプルトニウムの生産に初めて成功した原子炉になった。が、プルトニウムを大量生産した工場はここではない。遠く西海岸のワシントン州にあるハンフォードだ。

X―10にはもうひとつ核技術史にまつわるこぼれ話がある。原子力で電気を起こすことに初めて成功したのは、実は一九四八年九月、このX―10なのだ。

戦争が終わった一九四八年、兵器利用以外の何に核技術を使うべきか、オークリッジの研究者たちの間で議論と試行錯誤が続いていた。ひとつは医療用のアイソトープ研究。もうひとつが発電だった。原子炉の熱でわかした熱湯をパイプに導き、模型サイズの蒸気ピストンと発電機につないだ。幅五〇センチ、高さ三〇センチほどのミニチュアのような実験装置である。狙い通り発電機が回り、懐中電灯用の〇・三ワットの豆球が点灯した。これが、原子炉で発電ができることを実演した初めての原子力発電装置だった。

ところが、三年後の一九五一年十二月二十日、アイダホ州国立試験基地にある原子炉「EBR―1」が四つの電球を点灯する原子力発電実験に成功した。公式の記録では「世界初の原子力発電」はオークリッジではなくアイダホになっている。なぜかはよくわからない。アイダホのほうが規模が大きく、しかも写真も残して、パブリシティ対策が上手だったから、という説が有力だ（七章で詳述）。

階段を三フロア分ほど上がって制御室に入ると、蒸気機関車のような古めかしいアナログの計器が壁に並んでいた。「定期休炉予定表」というボードはチョーク書きの黒板だ。作業員が座った椅子は重厚な木製だった。一体何人が何時間座ったのだろう。今でもぴかぴかに黒光りしている。

X－10の制御室。計器類はすべてアナログ。左手に紙にインクで記録するメーターが見える

体育館のような高い屋根の下をひんやりとした空気が満たしている。深呼吸すると、オイルと金属、乾いたほこりが混じった匂いがした。

この同じ空間で、兵器用プルトニウムの製造と、初の原子力発電が行われたのだ。このふたつは日本では「兵器と平和利用＝原発」として「まったく別のもの」と言われている。しかし、いま目の前に、両者を生んだ巨大な原子炉X―10が有無を言わせず鎮座している。

X－10が発電に成功した時のタービン。お湯を沸かして豆電球を灯した。まるで模型のようだ

それは双子の兄弟が生まれ出た子宮のように見えた。

ウランが燃えれば熱が出る。プルトニウムも出る。まったく自然の摂理である。

そうなのだ。それを「別のもの」と強弁するのが不自然なのだ。両者は双子の兄弟なのだ。

私は福島でも使ったロシア製の線量計をバックパックから取り出した。入り口では毎時〇・一一マイクロシーベルト。しかし、原子炉に近づくと〇・一三に数字が上がった。JR福島駅前の七分の一ぐらいだ。後退するとまた下がる。放射能は正直だ。

ウラン濃縮工場K－25跡。解体されて最先端技術の工業団地に生まれ変わろうとしていた

レイ・スミスと落ち合った。彼の車に乗ってオークリッジの中を回った。K―25を見る約束だった。

「見晴らしのいい場所に行きましょう」

丘に上がった。樹木が切れた。

建設当時は世界最大の屋根付き建造物だった。現在の貨幣価値で六六億ドル（六六〇〇億円）がかかった。面積一九万平方メートル。標準的な野球グラウンドの面積は一万三〇〇〇から一万四〇〇〇平方メートルなので、野球グラウンドを一四面並べたくらいの大きさと考えればよい。

しかしそこには、だだっ広い空き地が丘陵に広がっているだけである。

一九八七年に役目を終えたK―25は大半が取り壊され、今は最後の一角が残るだけだ。その棟も解体中だという。スミスの指差す方を見ると、鉄骨がむき出しになった灰色の建物が骸骨のように立っていた。

「あの建物に行けますか。写真が撮りたいのです」

スミスは頭を横に振った。

「いま解体前の除染作業中なのです。あの一角は天然ウランの搬入口側で、濃度が高い。立ち入りはできません」

除染。その言葉をフクシマを離れて以来久々に聞いた。

そうだった。ここはウラン燃料の製造場所だった。福島第一原発で燃やしていたのと同じウラン燃料がつくられた場所なのだ。

頭ではわかっていても、遠く異国まで旅をするうちに、つながりが切れていたのだ。

### 原爆の原料をつくった人

第二次世界大戦中に濃縮ウラン製造に従事し、そのまま戦後もオークリッジで働いた。技術開発部長まで務めて引退した。そんな「濃縮ウラン一筋」の男性が八十九歳で地元に健在だという。「会ってみませんか」とスミスに言われて、私は興奮した。八十九歳といえば伊原義徳と同い年だ。戦後日本に原発の燃料として濃縮ウランを輸出した話を知っているかもしれない。原爆の原料をつくった人が、同じ場所で原発の燃料をつくって日本に

第二次世界大戦中、そして戦後もウラン濃縮一筋に働いてきたビル・ウイルコックス

売っていたということではないか。

街を抜け、赤や黄色の落ち葉が舞い散る丘をいくつか越えると、ビル・ウイルコックスが住む家に着いた。赤い壁に白い屋根のかわいい家だった。

「まず第二次世界大戦のころの話から始めましょう」

暖炉のあるリビングルームのソファにウイルコックスは座っている。ちょっと耳が遠い。英語で大声を出すのは疲れる。ノートで筆談をした。

ペンシルベニア州の出身だ。一九四三年、二十歳の時。大学で化学を専攻していたウイルコックス青年は「何か平和のために役立つ仕事をしたい」と考えていた。大学で見たオークリッジの求人に飛びついた。が、軍事機密工場である。面接が一八回もあった。

やっとの思いで合格し、働き始めたオークリッジは山中に造成されたばかりの新しい都市だった。都市というより、軍事基地だった。回りはフェンスで囲われ、検問で兵士が身分証をチェックしないと出入りできなかった。仕事を終えても、作業内容を語ることは禁止された。「スパイはそこにいる！」。そんなスローガンがあちこちに掲げられていた。

ウラン濃縮ラインの制御は人海戦術だった。従業員は自分たちが何を作っているか知らされないままだった

とはいえ、オークリッジは活気にあふれていた。仕事を求めて、若者が集まっていた。広いアメリカ各地から来た人々と知り合うのは楽しかった。おまけに独身者が一万三〇〇〇人もいた。街全体が毎晩合コンのような状態だったらしい。

「ジェニファーと出会ったのも、オークリッジだったんだよ」

ウイルコックスがうれしそうにウインクした。指差す方を見ると、上品そうな白髪の女性がキッチンに立っていた。奥さんだった。

「オークリッジは戦後二〇年ずっと兵器用濃縮ウランをつくりました。当時はソ連との冷戦の最中です。ソビエトは核兵器を大量につくっていた。ソ連との交渉で強いポジションを保つには、大量の核兵器が必要だった」

——兵器用濃縮ウランとはウラン235が八〇〜九〇％の濃縮ウランのことですね。

「そうです。ところが一九六四年になってジョンソン大統領が『もう兵器用濃縮ウランは十分あるだろう』と言い出した。多くの生産ラインが閉鎖されました。そこでオークリッジの核技術設計者はウラン235を原子力発電に使うことを考えたというわけです」

——なるほど。低濃縮ウランですね。生産は何年くらいから始まったのですか。

「一九六四年に試験生産を始めました。本格化したのは一九六九年です」

私はどきりとした。一九六四年は日本で原発の「立地指針」がつくられ、原発建設のルールが決められた年だ。東京電力が福島第一原発建設のための組織を本店と福島に設置した年でもある。営業運転を開始したのは一九七一年だ。

——それはもちろんアメリカ政府としての国策でもあったのですね？

「そうです。世界の原子炉に低濃度ウランを提供する計画でした。外国からお金が入るというのでワシントンはハッピーでしたね。民生用の原子力発電所を考案しようという計画もありました」

――どんな工程だったのですか。

「天然ウランをまず六フッ化ウランにします。室温では硬い結晶状の固体なのですが、華氏一〇〇度（摂氏約三八度）で気体になるのです。これを濃縮工程にかけて最後は燃料棒の形で売るのです」

――どんな国に濃縮ウランを売ったのですか。

「フィンランド、ドイツ、イギリス、フランス……世界中、それはたくさんの国からオークリッジに視察に来ましたね」

日本はどうでしたか、と聞くと、ウイルコックスは右手の人差し指をピンと上に向けた。

「ジャパン！　ジャパンはナンバーワンカスタマーでしたね！」（ナンバーワンは古い世代のスラングで『最高』の意味がある）

ところが一九七〇年代には各国が濃縮ウランを自国で生産し始めた。ドイツ、イギリスとオランダが共同で一九七一年に設立した「ＵＲＥＮＣＯ」やフランス、イタリア、ベルギー、スペイン、スウェーデンが一九七三年に設立した「ＥＵＲＯＤＩＦ」がそうだ。そうなると濃縮ウランは競争過多になった。アメリカ国内にも低濃縮ウランの生産施設が三ケ所あって「無駄」と批判されるようになった。一九八五年、オークリッジは低濃度ウランの生産を終了する。ウイルコックスは翌年引退した。

ずっと気になっていた質問をした。

――福島第一原発にはオークリッジの濃縮ウランが使われたかどうかご存知ですか。時期的には近いのです。

ウイルコックスはうーんと首をひねった。

「当時の原子炉メーカー、ゼネラル・エレクトリックとウェスチングハウスはどちらも低濃縮ウランを燃料に使っていました。アメリカから原子炉を買うと低濃度ウランの燃料棒も買うことになります」

メルトダウンした福島第一原発の一号機はゼネラル・エレクトリック社製だ。「ターンキー・コントラクト」（スイッチを入れれば使える状態で納入すること）である。最初の燃料棒はアメリカから来たはずだ。それはオークリッジ生まれかもしれない。アメリカの他の濃縮工場かもしれない。わからない。

フクシマの後、日本の原発はどうなっとるかね？　インタビューが一時間を過ぎたあたりで、だんだん雑談になってきた。

五四の原子炉のうち五三がシャットダウンしています。そう言うと、ウイルコックス翁はニコニコ笑って言った。

「そうか。再稼働できるといいねえ」

「どうしてですか？」

「毎月貨車一〇〇台で石炭を一〇〇〇トン運ぶより、二年に一回ウラン燃料をトラックで運ぶだけで済むんだから、そっちがいいに決まっているじゃないか。ＣＯ２も出ないしな」

私は言った。私も三・一一以前はそう思っていました。でも、フクシマで起きた悲劇を目撃してしまったいま、以前と同じようには感じることができなくなりました。

ウイルコックスはうなずいた。そしてしみじみと言った。

「日本は考慮すべき独特の条件があるからね。アメリカで原発を立地するのと違って、巨大な地震が起きうるからなあ」

「アメリカでもカリフォルニアは大地震が何回も起きています。カリフォルニアにも原発はありますよね」

「そうなんだ。カリフォルニアもそうなので、心配なんだ。特にフクシマの後は懸念が高まっている。ＮＲＣはいろいろ厳しい条件を課している。飛行機の墜落事故対策。テロリスト対策。地震や津波対策も必要だろうな」

オークリッジ研究所に展示されていた日本降伏の日、喜びに沸き立つ市民たちの写真パネル

「原発が地震や津波に危険だとすると、どんなエネルギーが代替としていいのでしょう」

「うーむ。そりゃセンシティブな話だからねえ。コメントしないほうがいいと思うんだ」

時計は正午を回っていた。ランチの時間だ。ウイルコックスは話し疲れてきたようだ。でかいハリケーンが近づいていた。雨が来そうだ。

リビングで彼の写真を撮りながら立ち話をした。

戦時中はずっと自分たちが何をつくっているか知らなかったと言う。では、それが濃縮ウランであることを知ったのはいつですか？

ウイルコックスの顔がぱっと明るくなった。そして声が大きくなった。

「一九四五年八月六日の新聞を見た時さ！」

私ははっとした。ウイルコックスはしゃべり続けた。

「ワーオ！　オーマイガッド！　俺たちがやっていたのはこれだったのか！　思わずそう叫んだよ」

私は博物館で見て知っていた。その日、広島への原爆投下を知らせる記事が、地元新聞の一面を埋めていたのだ。巨大なキノコ雲の写真と共に。

「それは、ヒロシマのことですね？」

そう聞くと、ウイルコックスは急に黙った。そしてじっと私のことを見つめた。

ずっと濃縮ウランのことを聞いていた目の前の記者が、日本から来たことを思い出したのかもしれない。ウイルコックスは沈黙したままだった。私たちは黙って見つめ合った。

眼球の血管が見えるほど彼を見つめた。しかし彼は何も言わず黙っていた。

さきほどまでニコニコと快活に話していたウイルコックスが、ただ黙って立っていた。目がうるんでいるように見えた。気のせいかもしれない。ただ疲れただけかもしれない。

「ザッツ・オールライト」

何も言わなくていいですよ。言いたいことはわかります。気にしなくていいですよ。そう言うつもりで言った。私は彼の手を取り、握手した。老人は黙ったまま頷いた。

この街は原爆製造のために誕生したのだ。そこに生涯を捧げた人が「故郷の誇り」という建前に背いたことを言うことは期待していない。そんなことは取材の目的でもない。オークリッジに日本人記者が来た。それだけで、何かそこに独特の磁場が発生してしまう。原爆のことを意識せずにはいられない。そんなことがわかっただけで十分だった。

私は彼の家を辞した。外は雨が降り始めていた。深呼吸をすると、カエデの葉が吐き出す酸素が肺にひんやりとした筋をつくった。

# 7　原発のふるさとアイダホ

## 世界で初めて発電に成功した原子炉を訪ねて

核技術史、中でも原子力発電の歴史にとって重要な研究施設がアイダホ州にある。原子力を動力源にした発電に初めて成功したのはアイダホ国立研究所だ。

そう聞いてもピンと来なかった。アイダホと聞いてもジャガイモしか思い浮かばない。そもそも、どこにあるのだ？　地図を広げてみると、シアトルのある西海岸ワシントン州の右隣だ。北はカナダ国境から南は砂漠のネバダやユタ州まで伸びている。南北に細長くて寒いのか暑いのかもよくわからない。私の中では知識ゼロ。空白に近いのだ。一体どうして原発がアイダホで？

インターネットで下調べをしているうちに気づいた。人口密度がものすごく希薄なのだ。二一万六六三二平方キロ、日本の本州（二三万平方キロ）とほぼ同じ面積に、たった一五七万人しか人が住んでいない。神戸市とほぼ同じ。東京で言えば、世田谷区と練馬区を合わせたくらいの数しかいない。つまり、世田谷区と練馬区だけ残して日本の本州をからっぽの空き地にしてしまったら、アイダホと同じになる。「空き地」がうなるほどある。

アイダホフォールズ市の空港に降り立った。ゲートが一〇〇以上あるサンフランシスコ国際空港から来てみたら、ゲートがひとつしかない地方空港だった。一緒に降りた客はみんな駐車場に停めてあった車に乗っていなくなってしまった。外に出る。私一人だ。タクシーもバスもいない。乾いた冷たい風が吹いている。予約したホテルまで一〇キロ以上あるという。仕方ないのでタクシー会社に電話したら、赤いピックアップトラックがやって来た。運転席からベースボールキャップにフランネルシャツのおじさんが「あんたがミスターウガヤかね」と言うので、「そうだ」と返事したら「乗れ」と言う。その赤いトラックがタクシーだった。カボチャがごろごろする荷台にスーツケースを放り込み、ざらざらと砂っぽいシートに乗ってホテルまで行った。

アイダホ国立研究所は原子力発電の実験所だった。昔は「国立原子炉実験場」（National Reactor Testing Station=ＮＲＴＳ）という名前だった。「世界初」と名のつく原子力発電の歴史的な実験が数々行われた。「世界初の原子力発電に成功した原子炉」である「ＥＢＲ―１」もアイダホにある。原子炉が閉鎖された後も、施設をそのまま保存して公開している。しかし、五月から九月までしか開いていない。冬は豪雪に閉ざされてしまうのだ。「十月にしか行けないのだが、大丈夫か」と研究所にメールを送ったら「大歓迎です。特別ツアーをします」と返事が来た。「プレス担当者がホテルまで迎えに行く」と言う。日本の原子力関連施設で冷たくあしらわれることに慣れ切っている私は、ここでも半信半疑である。

朝、ホテルのロビーで待っていたらフリースジャケット姿の男性がやって来た。イーサン・ホフマンと名乗った。まだ三十歳くらいのようだ。童顔でニコニコ笑う。良い人そうだ。

車で走ると、目抜き通りを五本ほど渡り、アイダホフォールズの街はすぐに終わった。コーン畑を一〇分ほど走ったら、地平線までまっすぐに見えるこげ茶色の大地になった。雑草なのか灌木なのか判然としない、わびしい植物が地面にへばりついている。ときどきドームのような丘が突き出している以外は、月世界のような溶岩の大地だ。

それにしても、広い。時速一〇〇キロで一時間ぶっ飛ばしても延々と茶色い平地が続くばかりだ。あとどれくらいで研究所に着くのか、と聞いたら「もうとっくに入ってますよ」とホフマンは言う。一五分に一回くらい、ドーム状の丸い銀色の屋根の建物が地平線に現れては後ろに消える。それが研究所内に点在する原子炉と研究棟だった。

「ＥＢＲ―１の原子炉から一番近い集落はどれくらい離れているのか」。そう聞いた。ホフマンは「うーん、そうですねえ。三〇マイル（約五〇キロ）くらいですかねえ」と事も無げに言った。つまり原子炉を中心に、直径一〇〇キロの円内には誰も人が住んでいないということだ。

ホテルに帰ってネットで調べてみたら、研究所の敷地だけで二三〇〇平方キロもある。びっくりした。東京都や大阪府より広いのだ。この人のいない広い敷地を利用して、まだ実験段階のいろいろな種類の原子炉がつくられた。「暴走実験」つまり「原子炉を暴走させてみる実験」も繰り返し行われた。いま日本で使われているBWRとPWRというふたつのタイプの原子炉が初めて運転されたのもここだ。世界初のメルトダウン事故も、初めて死者を出した原子炉事故も、ここであった。そんな「歴史」が、茫漠たる溶岩の荒野に点在している。

世界で初めて原子力発電に成功した、アイダホ実験場の増殖炉ＥＢＲ―１

茶色の平原にレンガ色のサイコロのような建物が現れた。それが「ＥＢＲ—１」だった。「ＥＢＲ」とは「Experimental Breeder Reactor」つまり「実験増殖炉」のことだ。なぜ「増殖」と呼ぶのか。ウラン燃料を原子炉で燃やして熱を取り出す。燃えた燃料からプルトニウムを取り出す。それをまた燃料にする。つまり燃料を使えば使うほどまた燃料が増えるという不思議な仕組みなのだ。一九九四年に臨界に達した日本の高速増殖炉「もんじゅ」（福井県敦賀市）のご先祖さまである。高温で液体にしたナトリウムを循環させて冷却材にする構造も同じだ。ＥＢＲ—１が臨界を達成したの

ＥＢＲ—１は「もんじゅ」と同じ増殖炉。使用済みウラン燃料を再利用してプルトニウムを取り出した。手前はプルトニウム貯蔵庫

が一九五一年だから「もんじゅ」より四十三年も先んじていたことになる（ＥＢＲ—１は一九六三年に閉鎖）。

鉄の階段を上がって二階のオペレーションフロアへ行く。グレイにペイントされたタービンの横を通りぬけ、コントロール・ルームに入る。壁に並ぶ計器はどれも針がロール紙にグラフを描くアナログ計器である。

"Director's Log Book" という黄色に変色したノートが展示されていた。「所長の作業記録ノート」つまり「原子炉の日記」である。万年筆のインクで書いた手書きの文字が"critical"（臨界）と読める。掲げられた写真の痩身の白人男性に見覚えがあった。ウォルター・ジン。カナダ出身の物理学者である。一九四二年、シカゴ大学の原子炉ＣＰ—１でエンリコ・フェルミと一緒に世界初の臨界実験に成功したチームの一人だ。伊原義徳が留学したときのアルゴンヌ国立研究所の所長である。シカゴから飛行機で三時間以上飛んだ

所長のウォルター・ジン。原爆を製造したマンハッタン計画に参加。初の臨界実験に成功したシカゴ大学グループの一人

アイダホでまた、その姿を見た。そういえば、伊原も留学中にアイダホ国立研究所を見学したと言っていた。彼もこの場所に立ったのだろう。

「じゃあ、コアへ行きましょう」

ホフマンの声で我に返った。青灰色にペイントされたフロアを歩く。相撲の土俵くらいの円があった。上

ＥＢＲ―１原子炉上部蓋にはアルミサッシのような燃料棒が展示されていた

に進む。そこが原子炉の蓋の上だった。フロアに黒黄の警戒色のマークがあって、ここが警戒エリアであることを示している。

そばにアルミサッシを立てたような金属棒がいくつか立っていた。燃料棒だった。イラストや図で見てもピンと来なかったが、実物を見てなるほどと思った。ピカピカの金属だ。「メルトダウン＝高熱になると溶ける」という図式が理解できた。

私はまたフクシマで使ったロシア製の線量計を取り出した。毎時〇・二四マイクロシーベルト。

建物の外は〇・一九だった。アイダホフォールズのホテルでは東京と同じ〇・一一だった。炉心に近づくと数字が上がる。廃炉されて五〇年近く経っても、どこかに放射性物質が残っていて、少しずつ放射線を放っている。数字は正直だ。

タービンのそばに裸電球が四個ぶら下がっていた。

「写真撮りますか？　じゃあ、電源入れますからね」

ホフマンがニコニコしながらそう言って壁のスイッチを押す。電球がこうこうと灯った。とっくに原子炉は廃炉されているから、もちろん発電などしていない。どこかよそから引いた電気である。電球も飾りにすぎない。プレスである私が来たので写真用に灯してくれたのだ。こうしたマスコミ対策のうまさも、アイダホが「原子力発電一番乗り」として歴史に記録されオークリッジが栄光を逃した理由のひとつである。

ＥＢＲ―１が初めての「原子力発電」によって電気をつくったのは、一九五一年十二月二十日のことだ。

続いて一九五三年六月四日には、ＥＢＲ―１本来の目的であるウラン２３８からプルトニウム２３９への転換が成功する。オークリッジのＸ―10と同じように、ここでも発電とプルトニウムは、ごく当然のことのように、同じ原子炉から生まれている。プルトニウム

ＥＢＲ—１のスクラムボタン。「原子炉の緊急停止」を意味する「スクラム」はシカゴ大学グループの造語。今も使われている

は、増殖炉の燃料であると同時に、原爆よりさらに強力な水爆の重要な原材料である。

ＥＢＲ—１の業績はホワイトハウスにも届いた。アイゼンハワー大統領はブリーフィングを熱心に聞いた。そのアイゼンハワー大統領が原子力発電を念頭に「核の平和利用」である「Atoms for Peace」を国連で演説したのはそれから二年後、一九五三年十二月である。一九五五年、その呼びかけに応じた日本から伊原義徳がアルゴンヌ国立研究所に留学するのは前述の通りである。「核兵器」から「原子力発電」が分化しようとしていたその時、その場所、その人脈のまっただ中に、日本人もいたのだ。

もうひとつ、不名誉な「史上初めて」もある。「初めてのメルトダウン事故」である。

ＥＢＲ—１は、史上初のメルトダウン事故を起こした原子炉なのだ。一九五五年十一月二十九日のことだ。

ＥＢＲ―１は原子炉を緊急停止（スクラム）するテスト中だった。補佐役の操作員が指示を誤解して、所定の「高速制御棒」ではなく「低速制御棒」を挿入するボタンを押した。間違いに気づいた主任操作員が横から正しいボタンを押した。制御棒挿入が二秒遅れた。一五分後、コントロールルームの放射線警報がけたたましく鳴って係員は全員建物から退避した。何の音もしなかった。煙も水蒸気も出なかった。

事故の翌日、所長のウォルター・ジンはワシントンの原子力エネルギー委員会（ＡＥＣ）に事故を報告した。調査の結果、わずか二秒の遅れで、フットボールほどの大きさの炉心が半分メルトダウンした。しかし事態を軽視したＡＥＣは事故を公表しなかった。一九五六年四月に事故が新聞にすっぱ抜かれた時、こうした「原子力事故を公の問題と考えない」姿勢そのものが激しく非難された。

そんな不名誉な歴史だからだろう。博物館のどこを探しても、メルトダウン事故の展示や説明はなかった。ホフマンも何も言わなかった。

## 原子炉をぶっ壊す広大な実験場

ＥＢＲ―１を出て、また月面のようなアイダホの荒野を走った。

原子炉で沸騰させた高温高圧の蒸気を送り込むタービン。発電機をつないで電球4個を灯したのが公式の「世界初の原子力発電」と記録された

アイダホに来たら見たいと思って頼んでおいた施設があと二つあった。一つは暴走事故を起こして死者三人を出した原子炉「SL―1」。暴走実験をした「BORAX―1」。

しかしSL―1もBORAX―1も何も残っていない、という。どちらも最後は爆発して放射能まみれになったのだから、まあそうだろう。でもまあ、ここまで来たのだから、せめて跡地だけでも見せてもらえませんかと頼み込んだ。

いま日本の原発で使われている原子炉は主に「PWR」「BWR」の二種類に分かれると書いた。関西電力より西はPWRで、中部電力より東は主にBWRである。福島第一原発もBWRだった。あまり細かい内容には立ち入らなくていい。どちらもごく普通の「水」を原子炉（中でウランが核分裂して熱を出す）の冷却と熱の伝達、中性子の吸収に使っているのが大きな特徴だ。

違いもある。BWRは原子炉でボコボコ沸騰したお湯がそのまま蒸気になって発電タービンを回る。冷やしてまた原子炉に戻す。水がぐるぐる廻る。そのループが一つである。PWRは原子炉で沸騰させたお湯のループと、発電タービンに送り込まれるお湯のループが別々に独立している。つまりループが二つある。詳しい説明は省くが「熱いお湯で別のお湯を沸かす」と一見不思議な仕組みで動く。

どちらが「先輩」かというとPWRである。アメリカ海軍が潜水艦のエンジンとして開発した最初の原子炉はPWRだった（八章）。BWRは「原子炉で高温になったお湯の密度が薄くなる」「気泡が発生する」などで核分裂が不安定になると考えられていた。実用化にはまだ実験と改良が必要だと見られていた。アイダホで原子炉破壊実験が行われた原子炉BORAX―1は、本来はこのBWR型原子炉が実用に適しているかどうかの実験施設として建設された。「BORAX」は Boiling Water Reactor Experiment（沸騰水型原子炉実験）の頭文字である。

BORAX―1が建設され臨界に達したのは一九五三年七月である。実験用とはいえ一・四メガワットの出力があった。変わっていたのは、原子炉を覆う屋根や壁（つまり建屋）がなかったことだ。地面にピッチャーマウンドのような盛土がしてあって、その中に直径二・五メートルの円筒形の原子炉が埋めてあった。盛土は高さ二・五メートル。原子炉上部の蓋はなく、工事現場のような階段が取り付けてあった。階段を上がって土手の上に立つと、水を張った原子炉がプールのように口を開けていた。

格納容器や建屋はなかった。要するにむき出し、野ざらしである。冬になって雪が降ると原子炉実験ができない。実験中は原子炉の口から沸騰した水が間欠泉のように四〇～五〇メートル噴き出すのが実験場の外からでも見えた。ニックネームはRunaway Reactor（暴れ馬原子炉）だった。

ＢＯＲＡＸを運転してみて「ＢＷＲは十分実用に使える」ことがわかった。沸騰水の密度変化や気泡は核反応を不安定化しなかった。それより重要だったのは「水」に臨界反応を自己制御する作用があることが実験で確かめられたことだった。「制御棒を抜く→出力が上昇する→水温が上昇する→水の密度が低下する→いらない中性子は外に飛び出す→臨界反応に必要な中性子の数に保たれる→臨界状態は自然に維持される」。そんな仕組みだ。「変化に対して現状を維持しようとする作用」と言えばいいだろうか。これは後々に誤解を重ねて日本の「安全神話」の構成要素のひとつになる。「自己制御機能があるので、原発では事故など起こり得ない」という誤解である。

こうした実験が終わり、締めとして暴走実験が一九五四年七月二十二日に行われた。専門家は「反応度実験」と呼ぶ。「原子炉に急激な変化を加えると、どうなるかやってみる」というテストだった。具体的には「制御棒を引っこ抜く」ことだった（ＢＯＲＡＸには制御棒は一本だけ）。

急加速や急ブレーキ、急ハンドルをかけると自動車はひっくり返るのか。壊れるのか。やってみよう。そんなテストだ。メルトダウン事故の詳細が広く報道されている現代では「なぜそんなわかりきったことを」と思えるが、原子炉を実用化する過程では、実験で確かめるしかなかったのだ。

当時の実験を記録した一九分の解説映画が残っている。ＹｏｕＴｕｂｅで見ることができる（https://www.youtube.com/watch?v=8WfNzJVxVz4）。それを見ると制御棒を「ゆっくり、そろそろと引き上げる」から「いきなり引っこ抜く」まで「どのくらいの長さを」「どのくらいの速さで」引き抜くか、炉心と冷却水はどうなるか、数パターンの映像が記録されている。引き抜き方が急激になるにつれて、冷却水の沸騰も過激になる。水がマグマのように沸騰し、間欠泉のように噴き上がるのだ。

制御棒を一気に引き抜いた瞬間の映像も残っている。「ドン」と音がして、ぼた山のような盛土の上部から黒い爆発が噴き上げる。重い鋼鉄製の原子炉の一部が座布団のように宙を飛ぶ。折れた制御棒や燃料プレートが舞っているのも見える。それまでの白銀の水蒸気の噴煙と違って、真っ黒な噴煙が垂直に上がった。

水の温度が急激に上昇して気化し、水蒸気爆発が起きたのだ。変化の急激さがある限界を超えると一気に爆発する。「しきい値効果」(threshold effect)と言う。

実験前の予想は「燃料プレート(当時は燃料棒ではなく、アルミと濃縮ウランのサンドイッチ構造)が溶ける」だった。が、実際に暴走させてみたら炉心全体が溶け落ちてしまった。それどころか、原子炉そのものがばらばらになって吹き飛んだ。

爆発でばらまかれた放射性物質は周囲約八万平方メートルに飛び散り、表面から深さ三〇センチまでを汚染した。野球グラウンド六〜七面分の広さである。翌年、除染のために厚さ一五センチの砂利を敷き詰めて表土を覆わなくてはならなかった。

爆発でバラバラになったBORAX—1の炉心や原子炉はどうなったのか。放射能で汚染されていたのではないのか。

夜、ホテルに戻って文献を調べてぎょっとした。

「EBR—1の北西八三二メートルの地点に埋められた」

「一九八七年、アメリカ環境保護庁（EPA）はこの地点を汚染地帯に指定した」

「発がんのリスクは三二〇年住み続けて一万分の二以下」

何のことはない。昼間私がいたEBR―1のすぐ隣ではないか。そう言えば、敷地境界にフェンスが張られ、黄色に黒の放射線マークに「立ち入り禁止」の赤い文字が踊っていた。

冷や汗が一本、背筋に流れた。

結局、BORAXは一九六四年にかけて五代目原子炉までがつくられ、BWR型原子炉の実験を繰り返した。東京電力が福島第一原子力発電所一号機として「BWR型」「PWR型」の二種を候補に選定の作業に入ったのはその一年後、一九六五年である。折衝相手はBWRがゼネラル・エレクトリック社、PWRがウェスチングハウス社である。結局経済性で上回るGE社のBWR型が選ばれた。二〇一一年三月、最初に水素爆発してメルトダウンに至った一号機である。
BORAX―1は史上初めての「原子炉を暴走させたらどうなるか」実験だった。しかし当時はコンピューターが実用化されていなかった。複雑な変数で構成される破壊実験のデータを精密に解析する計算ができなかった。そうしたデータをコンピューターで精密に計算することが始まるのは一九六〇年代後半に入ってからだ。

実はアイダホでは、こうした「原子炉をわざと過酷な状態にして安全性をテストする実験」が数多く行われている。一九四九年から半世紀の間に五二もの原子炉が建設されたのは、こうした破壊実験が多数行われたからだ。

NASAは「人工衛星の電源に積んだ原子炉が事故で海に落ちたらどうなるか」という実験を依頼した。原子炉が水没した場合の挙動をテストしたのだ。SNAP—3（一九六四年四月一日）という。風防ガラスで仕切った巨大な水タンクに原子炉を置き、ガラスを爆破して水没をシミュレートした。原子炉は自壊し、核分裂から起きる高濃度の放射性物質は出なかった。

「SPERT」（Special Power Excursion Reactor Test）は「1」から「4」まで、一九五五年から一九七〇年まで行われた。制御棒を抜いていくことでわざと出力を暴走させる。燃料や炉心、原子炉の形、冷却材の温度や流れ、圧力、流体力学上の作用によって結果がどう違うかを実験した。

「LOFT」（Loss of Fluid Test Reactor）は小型のPWR型原子炉を使った「冷却材（水）がなくなったらどうなるか」という実験だった。「冷却材の喪失〜炉心の損傷」は福島第一原発事故と同じコースである。いろいろなシナリオが用意され一九七八年から八五年にかけて三八の実験が行われた。中には三・一一のようなスリーマイル原発事故（一九七九年）と同じシナリオを想定した実験もある。その中には「発電所外部の電源を喪失した場合」のシナリオも含まれている。

アイダホの広大な荒地を利用して、アメリカは「原子炉をぶっ壊す実験」を次々に重ねていった。日本との最大の違いである。

## 初めての死者を出した事故はアイダホで起きた

皮肉なめぐり合わせだが、アイダホでは「原子炉に急激な変化を加えると爆発する」事故が実際に起きている。三人が死んだ。一九六一年の新年一月三日のことだ。「ＳＬ—１事故」と言う。原子力エネルギー委員会（ＡＥＣ＝原子力規制委員会・ＮＲＣの前身）が発足して一四年目で、初めて死者を出す原子炉事故が起きたのだ。「原子力発電は安全」と信じ込んでいたアメリカ政府はショックを受けた。アメリカの「原発安全神話」が終わった事故だった。

ＳＬ—１はアメリカ陸軍が発注し、アルゴンヌ研究所が設計した小型の原子炉である。

アラスカやカナダの北極圏でソ連からの攻撃を監視する早期警戒（DEW）ライン施設の発電が目的だった。ディーゼル発電機に比べると、氷で閉ざされた基地に燃料を運ぶ回数が格段に少なくて済むからだ。陸軍は小型で組み立て・解体が簡単な原子力発電施設を希望した。アルゴンヌ研究所は実験で実用性が確かめられたBWRを投入した。高さ一二メートル、直径九・五メートルのサイロ状の鋼鉄のカプセルをつくって原子炉を収納する建物にした。一、二階に原子炉と圧力容器を設置した三階建てのビルである。炉心の大きさは高さ五〇センチあまり。一九五八年八月に原子炉が臨界に達し運転を始めた。ここで陸海空軍の兵士が原子炉運転の訓練を受けた。

真冬のアイダホは雪に閉ざされていた。気温はマイナス一七度。当時「SL―1」には当直の兵士三人がいただけだった。事故の直前一九六〇年十二月二十三日にはクリスマス休暇のために原子炉は停止。同二十七日には運転員が戻って一月四日の運転再開に備えてバルブやパイプの点検整備をしていた。

原因は今も議論されている。わかっているのは「一月三日午後九時一分、原子炉が突然瞬時に臨界状態になって爆発した」ことだ。燃料棒の二〇％が溶けた。燃料棒回りの水が瞬時に蒸発・爆発し、上部厚さ二一三センチの水の層を大砲の弾のように上方へ噴射した。

そのスピードは時速一七六キロメートル。圧力は一平方センチあたり七〇三キロという強烈さだった。この水の層が圧力容器の上蓋に内部から衝突、その力で一一・八トンある圧力容器全体が二・七メートル飛び上がり、コンクリートと鋼鉄の上部シールドを突き破って、また元の場所に落ちた。原子炉につながっていた配管はすべて引きちぎられていた。この現象は後に「ウオーターハンマー現象」と名付けられる。

警報が鳴って事故から九分後に消防隊が到着した。しかし火は見えない。そして、いるはずの三人が行方不明だった。原子炉に近づこうとすると線量計が激しく鳴って撤退せざるを得なかった。酸素マスクと防護服をつけた放射線救助隊が到着、線量を量ると建物外階段ですでに毎時二五〇〇ミリシーベルトもあった。二人が倒れていた。一人は死んでいた。

一人は重傷を負ったまま生きていた。内部は毎時一シーベルトにもなった。ストップウオッチで時間を計りながら、担架を持って駆け込んでは一分以内に戻るを繰り返した。重傷者は搬送中に救急車で死んだ。病院に到着しても、屋内に運び込めなかった。死体の放射線量があまりに高かった（毎時五グレイ＝毎時五シーベルト相当）からだ。暗闇の砂漠に救急車を停めて自動車のライトで作業をするしかなかった。汚染水を浴びた制服を脱がせようとしたが、極寒で衣服が凍り、脱げない。ここでもストップウォッチで一分ずつ作業するしかなかった。仕方なく、同じ実験場にある核燃料工場兼放射性廃棄物処理場に運び込んだ。遺体を埋葬するには、鉛のシートにくるんで鉛の棺桶に入れなくてはならなかった。

原子炉の建屋は強烈な線量で、残る死体を運び出すこともできない。離れた場所に原寸大の模型をつくり、時間を計りながら交代で突入の訓練をした。

自然線量の二〜一〇倍の放射性物質が、北風に乗って約六〇キロ離れた集落方向に流れた。地元新聞は「原子炉はモンスターになった」と書いた。労働組合の全国組織は「作業環境が危険だったのに対策を取らなかった」と訴訟を起こした。世論にとっても「安全神話」は終わった。

現場を除染しながらの現場検証が続けられた。原因究明には二年かかった。爆発当時、二階のオペレーションフロアに作業員二人がいたことがわかった。原子炉の真上にいたらしい。一人は天井に串刺しになってぶら下がっていた。

検証の結果、制御棒が所定の位置から六六・七センチ引き抜かれていたことがわかった。しかも手動で、急激に抜かれたことがわかった。計算上、制御棒を「大きな長さを」「急スピードで」動かさないと水蒸気爆発は起きない。

作業員がなぜそんなことをしたのか、理由は今日に至るまでわかっていない。「一人は夫婦仲が悪かった」「自殺しようとした」「もう一人の作業員と妻が不倫関係になったので無理心中しようとした」。そんな噂が地元民や駐留する兵士たちの間には流れた。

最近の説はこうだ。

⑴ＳＬ─１の制御棒は機械駆動部が故障して動かなくなることが過去にあった。⑵整備不良のために内部にホウ素が付着し臨界が設計より起きやすくなっていた。⑶臨界状態にするための制御棒の位置と水蒸気爆発を起こす位置が僅差になっていた。

つまり、引っかかった制御棒を動かそうとして手で引いているうちに「すっぽ抜けた」可能性があった。整備不良と訓練不足が重なった複合事故の可能性が高い。

この事故の教訓からＡＥＣは「制御棒を一本引き抜いただけで臨界状態にならないように原子炉を設計する」という基準をつくった。

「本当に何もないんだけどなあ」

車を運転しながらホフマン青年はつぶやいた。

車が停まり、彼が指差す方向には、枯れ草がへばりついた茶色の大地が広がっていた。

飛行機のエンジンに原子炉を積む「原子力飛行機」の計画もあったが、重すぎて計画自体がキャンセルされた

私はカメラと線量計を手に車を降りた。寒い。目の前の舗装路が地平線まで伸びて消えている。本当に何もなかった。

地平線には電柱が枯れた木立のように立っていた。それだけが、かつてＳＬ―１のあった場所の名残だった。今は全てが取り壊され、何も残っていない。吹き飛んだ原子炉や建屋、がれきなど汚染された物体は敷地のそばに埋められた。人跡の絶えた溶岩砂漠の真ん中である。

ＳＬ―１跡へ続く道路は、目の前にある鉄柵で封鎖されていた。黄色と黒で「エネルギー省の命令により立ち入り禁止」という看板が掲げられている。路面の割れ目に雑草が茂っていた。もう何年も人が通っていないのだ（カラー口絵⑥）。

線量計を取り出してかざしてみた。毎時〇・一一マイクロシーベルト。東京と変わらない。

「そこから向こうは入っちゃだめですよ」

後ろから声がした。

私は原子炉施設を想像できる痕跡が見えないか目を凝らした。

だが無駄だった。荒れた大地を冷たい風が吹き抜け、枯れ草を揺らしているだけだった。

# 8　核エネルギーを潜水艦エンジンにした男

## 世界の歴史を変えたアメリカ海軍軍人

核エネルギーの実用化は最初「核兵器」という形で始まった。解放すれば、都市ひとつを破壊してしまう巨大なエネルギーである。それを、逆に容器に閉じ込めて少しずつ取り出す。それが原子炉だ。動力源にして乗り物に積んでしまう。しかも事故を起こせば逃げ場のない潜水艦に、である。

考えてみると破天荒な発想だ。ひとりのアメリカ海軍軍人がそれを実現してしまった。そして「冷戦」という世界の歴史を変えた。

後に海軍提督になったハイマン・リコーバー（一九〇〇〜八六）という人物である。それまでディーゼルや電気だった潜水艦のエンジンに原子炉を積み、核エネルギーを使うことを考えついた。Nuclear submarine ＝「原子力潜水艦」である。

その潜水艦エンジン用原子炉「ＰＷＲ」（加圧水型軽水炉）は商業発電用原子炉のスタンダードになった。アメリカで最初の商用原子力発電所「シッピングポート原子力発電所」は、リコーバーの監督のもとつくられたＰＷＲ型原発である。ＰＷＲは現在の日本でも西日本を中心に使われている。

核エネルギーが原子力発電に進化していく物語をたどっていくのに「リコーバーと潜水艦」の話を避けて通ることはできない。

ロバート・オッペンハイマーやエンリコ・フェルミといった核技術のブレイクスルーをつくった人々がエキセントリックな個性だったのと同じように、調べれば調べるほどリコーバーもエキセントリックである。

世界初の原子力潜水艦ノーチラス号が保存されている博物館に置かれたリコーバーの胸像

東欧からユダヤ人迫害を逃れてアメリカに移民してきた仕立屋の息子。貧乏で大学に行けず、海軍士官学校に入った。軍人なのに軍服を嫌い、いつもスーツ姿だった。自分も士官学校出身なのに、士官学校出のエリート軍人を嫌った。軍や軍官僚の伝統やしきたりに抵抗し続けた。官僚や政治家、記者に多数の友人がいて、原子力潜水艦の実現のためにそのコネを総動員した。頭の回転がおそろしく速い。明晰な頭脳の持ち主。細部まで何もかも把握していないと気が済まない。少しでも愚鈍な人物にガマンができない。敵が多い。早朝から深夜、土日も関係なく働く。部下をこき使う。毒舌家。

「一時代を画した伝説の人物」はたびたびそうであるように、リコーバーも「礼賛」されるか「批判」されるか、毀誉褒貶《きよほうへん》真っ二つである。「開明的なリーダー」から「暴君」まで、証言者によってまったく違う人物像が描かれている。そうした評価をめぐって、今日なおネットで議論が飛び交っている。

リコーバーに会って取材したい。フクシマの事故についてどう思うか聞いてみたいのだが、彼はもう死んでしまっていない。どこかリコーバーの業績にまつわる「現場」があるだろうかと調べてみた。

あった。初めてつくられた原子力潜水艦ノーチラス号が、今は退役して博物館になっているというのだ。場所の名前に覚えがあった。東海岸、コネチカット州グロートン。一九九四年、取材で訪ねたことがある。ニューヨークから列車で北西に三時間ほど。冷戦が終了した後、かつての軍需産業がどうなっているのか記事を書いたことがある。当時、グロートンには全米でも数少ない原子力潜水艦のメインテナンスができるドックがあった。そこが冷戦終了後はどうなっているのか、訪ねて記事に書いたことがあった。さらに調べてみると、ノーチラス号が建造されたドックも、その同じ場所だった。

博物館になって中に立ち入りもできるなら、取材は簡単だろうと思った。が、甘かった。「核技術の歴史を調べています。潜水艦に積んでいた原子炉を拝見したいのです」と博物館にメールを出したら、なぜか「海軍の広報部に許可をもらってくれ」と返事が来た。「コネチカット州の管轄はニューヨークの海軍広報部」と言われるまま、またメールをやりとりすること十数回。何でこんなに厳重なのかと首をひねった。

「残念ながら、アメリカ海軍広報部は貴殿の依頼にはお応えできないことを告げねばなりません」

そう返事が来た。博物館の取材が一体なぜだめなのでしょう、と問うと「潜水艦に搭載されている原子炉は今も安全保障上の機密です」と言う。なるほど。まあ、仕方ない。ただの観光客として訪問することにした。なにしろ歴史を変えた世界初の原子力潜水艦がそこにあるのだ。見るだけでも良い。マンハッタンからボストン行きの列車に飛び乗った。

「潜水艦の歴史博物館」が入江の岸にあった。広い川が海に注ぐ河口だった。波もほとんどない静かな水面である。

博物館を通り抜けると、ノーチラス号は川岸に係留されていた。川面にぷかぷかと浮か

係留されたノーチラス号

ぶ巨大な黒いクジラのようだ。表面はのっぺりとしていて、何も目立つものがない。はっきり言って見かけはあまりおもしろくない。まあ、潜水艦なのだから、仕方がない。敵に探知されないように余計な水切り音を出すものは付けないのだ。

平日昼間のエリア内は閑散としていた。ときおりバスや自動車が来て、ぱらぱらと観光客が降りてくる。秋の太陽がのんびりと川面を照らしている。世界の歴史を変えた原子力潜水艦が、日向で居眠りをしている隠居の老人のように見えた。

リコーバーが生まれたのは一九〇〇年、現在のポーランド・ワルシャワ近郊である。当時は帝政ロシアの支配下だった。住んでいた集落はよくポグロム（ユダヤ人狩り）の襲撃を受けた。そんな迫害を逃れて、彼が六歳のときに一家はアメリカに移民した。父親は仕立屋だった。リコーバーは貧しい家計を支えるため九歳から働き始め、十八歳で電報の配達の仕事についた。勤勉なリコーバー青年は、同じように迫害を逃れてきたユダヤ系議員の目に留まり、その推薦でメリーランド州のアナポリスにある海軍士官学校に入った。

海軍士官学校は、卒業すれば軍や政府でのエリートコースが約束されている。ハーバードやコロンビアといったアイビーリーグ大学と並ぶアメリカの「上位校」である。将校や高級官僚、議員の子弟が多い。夜や週末、学生たちはパーティーやデートにと社交活動に忙しい。華やかな学校である。

しかし貧困に育ったリコーバーはそんな世界からは縁遠かった。ジフテリアにかかり、最初は学生寮にすら入れてもらえなかった。金持ち家庭の同級生と遊ぶ金もない。週末も部屋で本を読んで過ごした。そんな「ガリ勉」でしかもユダヤ系のリコーバーは、同級生からイジメやからかいの対象にされた。成績はというと、卒業生五四〇人中一〇七番目。あまりさえない。

卒業後、駆逐艦や掃海艇に勤務した彼は、船の建造や補修を担当する「技術士官」として頭角を現した。休みの日も、本を片手に軍艦の中を見て歩いた。そのうちに蒸気エンジンや電気系統では誰よりも詳しくなった。今で言えば「オタク」のように軍艦を愛していたのかもしれない。

海軍士官学校大学院に進み、電気工学の修士号を取った。コロンビア大学院でさらに研究を続けた。そこで出会ったルース夫人と結婚して、キリスト教（エピスコパル派プロテスタント）に改宗した。厳格なユダヤ人社会では、ユダヤ教から改宗することはユダヤ人をやめることを意味する。

一九三〇年前後には潜水艦への乗組を志願している。当時の潜水艦は水中ではバッテリーで動き、浮上するとディーゼルエンジンで走った。狭い船室内はディーゼルオイルの悪臭が充満していて、潜水艦の乗組員は「暗闇ですれ違っても匂いでわかる」とからかわれた。洋上艦勤務に比べると地味な傍流だった。

三十七歳のとき、リコーバーは技術士官（Enginnering Duty Officer）に志願した。このコースを選べば、船やエンジンの設計・製造と補修で軍人人生を過ごすことになる。海上勤務はない。戦艦や戦闘を指揮することもない。「海に出ない海軍軍人」になることを選んだのだ。

リコーバーは戦闘ではなく「艦船そのもの」を専門に選んだ。第二次世界大戦中も、戦闘正面ではなく、真珠湾や沖縄で破損した艦船の補修を担当した。

技術士官は出世しても「上限」の階級が限られていた。後に彼はこの慣習も破ろうとして、海軍上層部と衝突した。第二次世界大戦末に核兵器が開発され「戦争」の意味が根本から変わろうとしていた。軍艦や空母は時代遅れになるのではないか。海軍はどうなるのか。そんな変化の時代だったのだ。

リコーバーは「潜水艦」に海軍の未来を見つけようとしていた。

終戦後の一九四六年、テネシー州のオークリッジ（濃縮ウランを製造）に「クリントン研究所」という名称で、核技術の研修施設が開かれた。のちのオークリッジ国立研究所である。その時に海軍が送り込んだ八人の一人がリコーバーだった。戦時中の「マンハッタン・プロジェクト」は陸軍主導で、海軍は情報から遠いところにいた。が、幸運なことに、数少ない海軍スタッフとして参加した将校がリコーバーの上司だったのだ。第二次世界大戦の前後から、海軍上層部は艦船の動力源としての核エネルギーに注目していた。

オークリッジへの派遣が決まると、ワシントンに勤務していたリコーバーは書店を回って数学や物理学、化学の教科書を読みあさった。オークリッジには軍だけでなくゼネラル・エレクトリック社やウェスチングハウス社などから来た民間の核技術者が集まっていた。

リコーバーと部下は手分けしてできるだけ多くの講義に出席し、できるだけ多くの人と話をした。特に重要だったのは、マンハッタン・プロジェクトの中心人物だった物理学者エドワード・テラーが行う原子炉の講義だった。テラーはハンガリーから亡命したユダヤ系物理学者である。戦後は水爆開発の中心になった。核兵器の国際管理を唱えたオッペンハイマーと対立した。

「私は何も知りませんので」("I am stupid.")

初対面のとき、リコーバーはテラーにそう挨拶した。しかしリコーバーはあっという間に知識を吸収し、テラーに原子力艦船の必要性を熱心に説くようになっていった。一年間の「オークリッジ留学」を終えるころには、リコーバーは海軍で最も核技術に詳しい人材になっていた。

## 「核の抑止力」に絶対不可欠な兵器、原子力潜水艦

なぜそれほど原子力エンジンの潜水艦は重要だったのか。

原子力潜水艦は、半年間水面下に潜ったまま浮上する必要がない。ディーゼルや電池と違って、燃料補給が長期間いらないからだ。核分裂は酸素がなくても起きる。酸素補給も

必要ない。乗組員の酸素や食料補給を度外視すれば、もっと長く潜っていることすらできる。半年間浮上しない潜水艦が「今どこにいるのか」を敵が補足することは至難の業だ。もし、この潜水艦から核ミサイルを撃つことができたら、どうなるか。

核爆弾を遠い敵国に撃ち込む方法は三つある。「地上発射型ミサイル」に積む。爆撃機に積んで落とす。もう一つが潜水艦から発射する、である。この三つを「核戦略の三本足」（nuclear triad）と言う。カメラの三脚のように、足が一本が欠けても全体が成立しない。どれがもっとも敵にとって厄介か。「敵国を核攻撃しよう」というときにまず考えるのは「報復されないよう、まず相手の核ミサイルを全部つぶしておこう」である。地上発射型ミサイルのサイロはだいたい事前に偵察機や衛星で場所がわかっている。爆撃機は近づいたら撃墜できる。が、半年も海面下に潜ったまま世界を動きまわる潜水艦は、どこにいるのかわからない。もし一つでも「先制攻撃しそこねた核ミサイル」を残したら、たちまち自分たちの首都に報復の核ミサイルが撃ち込まれる。核ミサイルは一発でも撃ち込まれたらこちらも破滅する。だから先制攻撃をためらう。「相互確証破壊」（Mutual Assured Destruction）という言葉はこのことを指す。

だから「敵国の潜水艦が核ミサイルを積んだまま世界の深海を泳いでいて、どこにいるのかわからない」というのは敵国には一番厄介なのだ。逆に、自国にとっては核攻撃されないためのもっとも心強い「保険」ということになる。

冷戦時代の核戦略にとって一番重要だったのは、実はこの「核ミサイルを積んだ原子力潜水艦」だった。「これがあれば敵国は攻撃してこない」と米ソが軍備拡張に走った原因のひとつは、実は原子力潜水艦である。ソ連～ロシアは通算二四五隻もの原子力潜水艦を建造している。冷戦時代、日本海やオホーツク海は米ソの原子力潜水艦がウヨウヨして、お互いを監視する「海面下の冷たい戦場」だった。米ソだけではない。フランス、イギリス、中国、インドも原潜を建造した。原子力潜水艦は「核の抑止力」には絶対に欠かせない兵器なのだ。

それはすべて、リコーバーの「原子力を潜水艦のエンジンにする」というアイディアから始まった。

ところが当時、リコーバーの海軍の上官たちはその重要性がわからなかった。業を煮やした彼は、指揮系統を無視してチェスター・ニミッツ提督に直訴した。ニミッツは、第二次世界大戦中ミッドウエイ、硫黄島、沖縄戦など日本海軍との戦闘を指揮し、名将として知られた。ミズーリ艦上で日本の降伏文書に調印したのもニミッツである。

上官を無視すること、指揮命令系統を無視することほど、軍隊で嫌われる行為はない。幸運なことに、ニミッツも潜水艦乗組員の経験があった。ニミッツらの後押しで、原子力潜水艦を建造するプロジェクトの予算が承認され、リコーバーはその責任者になった。軍とペンタゴンに足がかりを築いたリコーバーはＡＥＣ（原子力エネルギー委員会＝ＮＲＣの前身）の委員になる。軍人のリコーバーが、民間の原子力産業にも足場を広げた。

リコーバーの足跡をたどっていくと、私がこれまでに旅したアメリカの核技術施設が次々に現れてくる。

彼が核技術に触れ、その重要性を悟ったのがテネシー州のオークリッジであることはすでに述べた。

海軍が潜水艦エンジン用にＰＷＲ型原子炉「Ｓ１Ｗ」(Submarine Model 1-Westinghouse)をつくったのは、七章で述べたアイダホの実験場である。運用が始まったのは一九五三年三月三十日。"Westinghouse"は建造メーカーであるウェスチングハウス社（ＷＨ）のことだ。ペンシルベニア州ピッツバーグ郊外にある同社のベティス原子力研究所で設計された。陸上に実際の潜水艦と同じサイズの模型をつくり、巨大なプールに沈め、その中で原子炉のテストを繰り返した。現在も原子力発電所で使われているジルコニウム皮膜で覆われた酸化ウランの燃料はこの時に開発された。建造は成功し、一万五〇〇〇馬力の動力を出した。

潜水艦ノーチラスの建造は、コネチカット州グロートンのドックで一九五二年六月に始まった。原子炉のテストより先である。当時は朝鮮戦争（一九五〇～五三年）のさなかだった。毛沢東やスターリンが健在だった。米ソ・中国の軍事衝突は朝鮮戦争という「代理戦争」で、実際に進行していた。兵器の開発も激しい競争状態だったのだ。

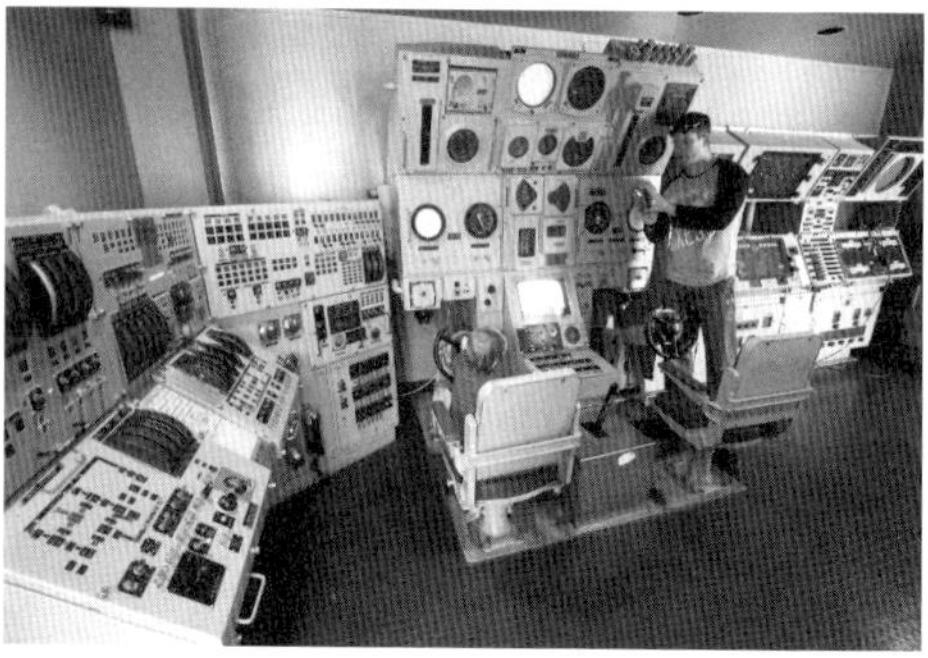
ノーチラス号の運転席

ノーチラス号が完成したのは一九五四年一月。伊原義徳がアメリカに留学したきっかけであるアイゼンハワー大統領の「アトムズ・フォー・ピース演説」がその前月の一九五三年十二月だったことを思い出してほしい。「核の平和利用＝原子力発電を同盟国に供与する」という外交政策は、ＰＷＲ型原子炉の実用化のめどが立ったからこそ可能だったのだ。

伊原がアメリカに到着する二ヶ月前の一九五五年一月、ノーチラス号は処女航海に出ている。

一九五七年十月にソ連が人工衛星スプートニク号の打ち上げに成功したとき、アメリカはパニックに陥った。「人工衛星が飛ばせるなら、頭の上から核兵器を落とすことだってできる」という話である。一九五八年七月二十三日、アメリカはノーチラス号を潜水艦史上初めての「北極点航海」に出した。ハワイの真珠湾を出発したノーチラス号は、アラスカ沖を通り抜けて氷の下を潜行し、同年八月三日に北極点に到達。ニューヨークに凱旋した。それは、北極海に長い海岸線を持つソ連に対する「示威行動」だった。

ノーチラス号以後、アメリカの原子力潜水艦のエンジンはすべてＰＷＲ型の原子炉を積んでいる。

ＰＷＲ型原子炉は、潜水艦エンジンという軍事技術としてこの世に生まれ落ちた。それが民間に転用されて、原子力発電所になった。その第一号は、ノーチラス号完成の三年後、ペンシルベニア州につくられた「シッピングポート原発」（一九五七年に運転開始。一九八二年廃炉）である。同原発はリコーバーがＡＥＣ委員として建造を監督した原発である。
この後、ウェスチングハウス社はＰＷＲ＝加圧水型原子炉の主力メーカーになった。ＢＷＲ型の「ゼネラル・エレクトリック」（ＧＥ）社と並ぶ発電用原子炉メーカーの二大巨頭である。ＷＨ社とＧＥ社は商用原子炉市場を二分した（ＷＨ社は二〇〇六年に東芝に買収された）。一九七九年にメルトダウン事故を起こした「スリーマイル島原発」や、三・一一後の再稼働問題で議論になった福井県の大飯原発はＰＷＲ型である。日本では関西電力より西はＰＷＲ型を使っていることは以前にも書いた。そういった意味で、スリーマイルも大飯原発も、ＰＷＲ型原子炉であれば、それはリコーバーの「子孫」である。

ついでに言うと、ゼネラル・エレクトリック社も潜水艦のエンジン原子炉製造に参加している。二隻目の原子力潜水艦「シーウルフ」（一九五七年就航）に積んだナトリウム冷却材型原子炉を設計・製造したのはＧＥである。しかしこちらは原子炉にトラブルが続いて潜水艦エンジンとしての計画はキャンセルになった。シーウルフのエンジンもＰＷＲ型に積み替えられた。その後ＧＥ社はＢＷＲ型の原子炉を製造してＷＨ社と棲み分けをするようになる。三・一一でメルトダウンした福島第一原発の一、二号炉はＧＥ社の製品である。

リコーバーは原子力潜水艦を実現させただけではない。乗組員の養成コースも自分で編成した。Naval Reactors Program（ＮＲＰ）と言う。海軍で最高位の階級に上り詰めても、原子力潜水艦に乗り組む士官は必ず自分で面接をして、少しでも納得が行かないと合格させなかった。その数は一万四〇〇〇人に上る。

リコーバーは仕事中毒だった。早朝深夜も土日も関係なく働いた。タイピストにカーボンコピーを運ばせ、組織内の連絡文書は自分の仕事に関係がなくても全部目を通していた。「予算を節約する」と出張先では知人の家か、ホテルの一番安い部屋に泊まった。

こうしてリコーバーは「軍」「民」「官」をまたぐ「原子力ムラのドン」になっていった。

「『子宮から墓場まで』(from womb to tomb) という言葉があります。私の率いる組織は計画の発案から調査研究、艦船の部品全部の設計から建造までの責任を負っている。それだけじゃない。指揮官と乗組員の選考。教育・訓練。言うなれば、艦船の誕生から最後まで、すべてに責任を負っている。軍務の中でも、この点は比類なきものと考えています」（一九七四年、連邦議会公聴会でのリコーバーの証言）

リコーバーの乗組士官の面接試験は今も語り草になっている。原子力潜水艦の乗組員は

「キャンプファイアーで自分が見た幽霊の話をする少年のように」面接の思い出を話したという。

例えば太り気味の受験者には、こんなふうにぶっきらぼうに始まる。

「座りたまえ。君は規定体重より何キロ太っているんだ？」

「え？　私が思いますに……」

「何キロだと聞いとるんだ！　こんな簡単で単純な質問にも答えられんのか！」

「ええと、七キロくらいではないかと思いますが……」

「七キロじゃ済まんな。九キロってことにしておこう」

「イエス・サー」

「その体重を落とすのにどれくらいかかる？」

「もし一生懸命運動すればですか？　たぶん……」

「バカモン！　質問に答えられんのなら部屋から放り出すぞ！　時間はいくらかかる？」

「六週間くらいではないかと思いますが、しかし閣下……」

「直ちに始めたまえ。毎週進捗を書いて報告すること。言い訳や弁明はいらん。このプロジェクトがどれほど進んでいるかだけでよろしい。わかったか？」

「そうですが、閣下、しかし……」

「こら、わしの時間を無駄遣いするな。ここで採用されたくないのか？」

「その通りであります。しかし私も質問をいくつかしたいのですが……」

「まずお前の体重を何とかしろ。そうしたら話をしよう。以上」

士官学校を二番で卒業した優等生が来た時はこうだった。

「君は学年で何番だったのだ？」

「はい、一〇四一人中二番でした」

リコーバーは怒鳴り始めた。

「お前の学年に何人いるかなんて聞いておらん！」

「いや、閣下、しかしですね」

「質問にだけ答えろ馬鹿者！」

「イエス・サー」

「わしがお前の学校の卒業生が何人か知らんと思っとるのか？　そんなこと、調べりゃすぐわかる！」

「いえ、違います閣下」

「何が違うんだ。どういう意味だ」

「しかしですね閣下」

「まあいい。お前はなんで一番じゃないのだ？　努力しなかったのか？」

そんなふうに、面接はいつも予測不可能だった。予想できないようなまったく些細《ささい》なことで事態がコントロールできなくなっていく。リコーバーの狙いはプレッシャーの中で受験生がどう振る舞うのか、どう事態を解決しようとするのか見ることだった。ウソがないか、矛盾がないかもチェックされた。

原子力潜水艦は、世界大戦になれば人類を滅亡させることができる核ミサイルを積んで水に潜る。戦闘になれば、全速力で動き、曲がりながら原子炉を運転しなくてはならない。機雷や魚雷を撃ち込まれても原子炉を運転できなくてはいけない。

万一ワシントンや司令部との通信が途絶した場合は、ミサイルを発射するかどうかを乗組士官が独力で判断しなければならない。大学院レベルの原子力工学の知識だけではなく、冷静沈着な人間性があるかどうか。強靭な理性があるか。複雑な状況から行動を決める思考力があるか。それが確かめられなければ、リコーバーは乗組を許さなかった。

リコーバーは人間と核技術の関係について、醒めた考え方を持っていた。人間はミスをする。機械は壊れる。予想外の事態が起きる。ひとたび起きれば、結果は甚大である。

「最高に訓練されたスタッフ、最高に整備された機器、最高に磨かれた操作基準があっても、ミスを許容できる余裕が設計に入っていなければならない」

それが持論だった。

原子炉の安全設計には二重、三重の対策を求めた。

潜水艦に積む原子炉圧力容器の設計を議論していた時だ。当初、圧力容器の上部蓋は、溶接で胴体に接着されていた。しかしある条件では溶接が劣化するかもしれないとわかってきた。一本四五キロという巨大なボルトを何本も使って上部蓋を固定した。パッキンをすれば気密性も保てる。

すると溶接はいらないのではないかという案が出た。点検で蓋を開ける時に溶接を切り、また溶接するのが大変すぎるのだ。しかしリコーバーは「気密性をより確保するために溶接もしたほうがいい。ベルトをしてサスペンダーを着けるようなものだ」と許さなかった。学者や企業はこぞって反対した。「溶接は不要だ」と主張して集団でリコーバーに直訴に来た。会議室で、リコーバーは彼らに言い放った。

「君の息子が潜水艦に勤務していると考えてくれたまえ。そのパッキンがずっと無傷で、高濃度の放射能汚染水を一滴も漏らさないと思うかね？　息子さんの命を、そのパッキンにかけようと思うかね？　万一に備えて、溶接もしておいたほうが良くないか？」

リコーバーを翻意させようと押しかけた一団が、何も言わなくなった。

電力会社が所有・運用していたシッピングポート原発にも、海軍の自分の部下を常駐させ点検させるよう主張して譲らなかった。

「所得税を本人の自己申告だけにさせて検査を入れなければ、正しい申告などしないだろう。それと同じだ。人間の本質と矛盾するのだ」

それが理由だった。

## 原潜の父はスリーマイル原発事故に何を思う？

海軍で原子炉の訓練を受けた乗組員たちが退役したあとの最大の就職先が原子力発電所だった。士官たちは退役して政治やビジネスの世界にも進出した。リコーバーはそんな「アメリカの原子力ムラ」から「オヤジ」（"the Old Man" "the Old Guy"）と呼ばれた。

そんな「リコーバーの息子たち」の一人に、ジミー・カーター元大統領（一九二四～任期：一九七七～八一年）がいる。カーターは一九四六年卒業の海軍士官学校の後輩であるだけでなく、潜水艦勤務からNRPに入った、リコーバー直系の弟子である。一九五三年、二十九歳で退役して父親の農場（ジョージア州）を継ぐまで、カーターは海軍の原子力潜水艦将校の候補生だったのだ。

そのカーターが大統領だった任期中の一九七九年三月に遭遇したのが、スリーマイル島原発事故だった（カラー口絵⑦）。

実は、カーターは海軍士官時代に原発のメルトダウン事故を経験したことがあった。一九五二年、カナダのチョークリバー研究所の実験炉NRXが停止装置の故障で部分的なメルトダウン事故を起こしたとき、リコーバーに現地に派遣された。重装備の防護服を着て除染作業に従事した。

スリーマイル島（TMI）原発で事故が発生したとき、カーターが原因究明に熱心だった理由には、こうした原子力工学や原子炉事故の知識や経験がある。海軍は政界や実業界に核技術の知識のある人材を送り出しているのだ。

TMI事故から二ヶ月経った一九七九年五月二十七日、カーターは家族を連れてお忍びでワシントン郊外のリコーバーのアパートを訪ねた。表向きの理由は個人的な訪問だった。だが、カーターはある秘密の依頼を携えていた。「大統領特別事故調査委員会報告書（ケメニー報告）の内容と結論をどう見るか、個人的なレポートを書いてくれないか」と依頼したのだ。カーターはかつての上官が核について楽観論者でもなければ悲観論者でもない、現実主義者であることを知っていた。そして海軍の潜水艦は原子炉事故ゼロを続けていた（一九六三年と六八年にアメリカの原子力潜水艦は沈没事故を起こしたが、原子炉事故とは見なされていない）。

　半年後、リコーバーは報告書を批判する個人的なレポートをホワイトハウスに届けた。「ＮＲＣ（原子力規制委員会）をいくら拡充・強化しても、安全性の向上にはつながらない」「安全性の向上には訓練しかない」それが大意だった。

　私がリコーバー提督から聞いた言葉でも忘れられない言葉がひとつある。かつて一緒に潜水艦に乗ったときに彼は「核爆弾なんて発明されなければ良かった」「原子力なんてなければ良かった」と言った。私は驚いて「提督、原子力はあなたの人生じゃないですか」と言った。「いや」。提督は言った。「もし核兵器の誕生を防げるのなら、わしの生涯の業績を手放したって構わない。船のエンジンだろうと、医療用放射線だろうと原子力発電だろうと、原爆をなくせるなら喜んで手放す」（ＣＢＳ『60

Minutes』ダイアン・ソイヤーのインタビューでのカーターの発言）

リコーバーは核に「畏怖」のような気持ちを抱いていたようだ。核の持つ破壊力や、放射能の影響をよく理解していたからこそ、安全性にも厳しかったのだと言える。

「放射能が出れば、時には半減期が数億年かかる物質だって出てくる。人類はそのせいで破滅してしまうかもしれない。このおそろしい力をコントロールして、消し去ってしまうよう努力しなければならない」（一九八二年、議会公聴会での証言）

晩年は原子力について疑問を持ち始めていたらしい。特にＴＭＩ事故には、動揺した形跡がある。

一九八六年になって公表された義理の娘ジェーンの証言によると、リコーバーはこう言っていたという。

「ＴＭＩ原発事故の調査報告書が全部公開されてしまったら、これまで公表されていたより事故がずっと危険な状態だったことがわかってしまうだろう。そうなれば、民間の原子力発電産業は壊滅的な打撃を受ける。そうならないように、あらゆる人脈を動員してカーター大統領に報告書の『上澄《うわず》み』の部分だけを公表するように説得した」「しかし、報告書の警告を発していた部分が公表されないようにしたことを、父は深く後悔していた」

「もし放射能が大気に放出されるなら、原子力など価値はない。『じゃあ、なぜ原子力エンジンの艦船などつくったのだ』と思うだろう。必要悪だからだ。今すぐ艦船全部を沈めてしまっても惜しくない。私は自分が果たした役割を決して誇りには思っていない。この国の安全にとって必要だから任務を果たしたのだ。私が戦争のバカバカしさに全力で反対する理由はそれだ。戦争を防ごうとする試みはことごとく失敗してきた。歴史を紐解けば『戦争になれば、どんな国でも最後は使える武器は何でも使う』がその教訓だ」（一九八二年の議会証言）

リコーバーが生まれたポーランドの村はナチスのホロコースト政策で消滅した。親戚も絶えた。戦争という狂気を、わが身のこととして知っていたのかもしれない。

一九八六年七月、リコーバーは八十六歳で死んだ。八十二歳まで現役の提督だった。その前年三月、ソ連の新しい書記長にミハイル・ゴルバチョフが就任した。リコーバーが死んだ三ヶ月後にレーガン大統領はゴルバチョフとアイスランドのレイキャビクで米ソ首脳会談を開いた。リコーバーが生涯をかけた原子力潜水艦が主役だった「冷戦」は終結した。ベルリンの壁が崩壊するのは一九八九年、東西ドイツが統一されるのは一九九〇年である。

# 9　そして日本へ　フクシマへ

## 日本初の実験炉は燃料とともにアメリカから運び込まれた

私は再びＪＲ新橋駅前の雑踏を歩いていた。アメリカに旅立つ前に会った伊原義徳にもう一度会うためだ。アメリカの取材報告をしがてら、いくつか後から浮かんだ質問をするつもりだった。

改札を出て、前回と同じ路地を歩いた。私がアメリカに行っている間に、ねっとりと汗ばんだ季節は終わっていた。東京には冷たい風が吹いていた。

まもなく師走《しわす》だった。とんこつラーメンの匂いと居酒屋の呼び込みの声が流れる盛り場を歩いていると、ニューメキシコの砂漠やアイダホの平原が遠い記憶に思えた。あれは夢だったのではないかとさえ思えた。

伊原は前回と同じビルの同じ会議室で待っていた。同じように背筋を伸ばして、同じようにきちんと両手を前に組んで座っていた。

「伊原さんが留学されたアルゴンヌに行って来ました。おもしろいものを見つけましたので、おみやげに持参します」

そう電話で告げておいた。

私は白黒写真を二枚取り出した。前に置くと、冷静な伊原ががばっと身を乗り出した。

「ああっ！　これは私だ！」

それは五七年前、アルゴンヌの International School of Nuclear Science and Engineering（ＩＳＮＳＥ）で開かれた初めての授業風景の写真だった。当時の研究所報のバックナンバーを図書館で見せてもらった時に、偶然見つけた。何人か東洋人の姿が写っていた。伊原に見せようとデジカメで複写しておいた。右手に教壇があって、講師らしいスーツ姿の白人男性が黒板の前に立っている。真ん中、最前列に東洋人の青年が二人、座っている。一言も聞き漏らすまいとしているのだろう。輝くような目をして教師を見つめている。その隣に、片手で頬杖《ほおづえ》をついた東洋人の青年が座っている（九六ページ写真）。

「この頬杖をついているほうが私です。ちょっと顔が見えませんね。こちらはそう、大山先生です」

伊原はじっと写真を見つめた。

「ああ、こっちに座っているのがパキスタンのラーナです。こっちが……」

当時の記憶が蘇《よみがえ》ってきたようだった。愛《いと》おしむように、一人ひとりを指さしながら名前を教えてくれる。伊原が写真に夢中になっているのに私は気付いた。

八十九歳になって五七年前の自分や学友と再会するのはどんな気持ちだろう。

もう一枚写真を持ち帰っていた。当時、留学生を運んで毎日シカゴの学生寮と研究所の間を往復したスクールバスが写っていた。前回の取材で伊原から「バスで寮と研究所を往復した」と聞いていた。当時の研究所報を繰っていて見つけたのだ（九五ページ写真）。

「いやあ。このバスですよ。懐かしいな」

バスの中でスイスのフリッチェという男と友だちになりましてね。私が原研の理事長をやった時に彼も向こうで理事長でして日本に来たのです。書道もこなす日本通でしたので墨と硯をプレゼントしたのです。そんな思い出話になった。

「私がまだ髪の毛があったころですが」。そんな冗談を言って、伊原はＩＳＮＳＥのフェイスブック（顔写真つきの卒業者名簿）をカバンから取り出した。ちょっとピントのぼけた写真で、素朴で真面目そうな伊原青年が緊張した顔をしていた。

私はアメリカ取材の話をした。アルゴンヌだけでなく、ニューメキシコやアイダホ、オークリッジも訪ねたことを話した。ＥＢＲ―１やＳＬ―１跡の写真を持参したパソコンで見せた。伊原は「ほお」と頷きながら見た。前回より共通の話題が増えたので、話が弾んだ。

「アイダホの実験場もオークリッジも見学に行きました」伊原はそう言った。「シカゴからアイダホまで、鉄道で二泊三日かかるのです。その間、延々とトウモロコシ畑が続くのです。人は一人も見えない。人跡なし。よくこんな国と戦争したなあ。そう思いました」

オークリッジで出会った、濃縮ウランの製造責任者だったビル・ウイルコックスは伊原と同い年だった。ウイルコックスは伊原の名前に聞き覚えがあると言っていた。伊原は「存じません」と言った。アメリカと日本で同い年の人物が二人、核技術の「縁」で結ばれているのが不思議だった。

私は原発の燃料である濃縮ウランのことを聞きたかった。燃料がなければ原子炉は稼働しない。濃縮ウランがどういうふうにアメリカから日本に来たのかを知れば、核技術移転の具体的な姿を理解できると思ったのだ。

――日本初の実験炉「JRR―1」（茨城県東海村。一九五七年に臨界）の燃料に使った濃縮ウランは原子炉と一緒にアメリカが貸与したという話を聞きました。

「そうです。二〇％の濃縮ウランです。溶液型で、三〇センチほどの球体の容器に硫酸ウラニウムという液体の形で入っておりまして、臨界に至るのです」

「当時アメリカ政府は六キロを上限に研究用の濃縮ウランを貸与しておりました。確かJRR―1には一・二か一・三キロくらいでしょう。JRR―3まで使いましたので、多くて二キロくらいでしょう」

――無償貸与だったのですか?

「いえ、賃借料を払いました。当時濃縮ウランはアメリカの国有だったのです。製造し処理し利用するのはアメリカ政府だけだった。つまり原子爆弾をつくるためにのみ、政府が民間から天然ウランを買い上げて、濃縮して爆弾の材料にしていた。もっぱら政府の使用のみでした。だから貸与で終わったら返すことになっていた。日米原子力協力協定に基いて返します、平和利用に限りますと誓約書を書いた」

――国家間の約束ですね。

「日本政府はその借りた濃縮ウランを日本原子力研究所（原研）に又貸しするのです。後に私は原子力局燃料課長をやりますが、その時の仕事のひとつはアメリカ政府に濃縮ウラン賃借料を払うことでした」

――値段はいかほどでしたか?

「覚えてないなあ（笑）。プルトニウムが一グラム十何ドルという評価でしたから、ウランは一〇ドル前後だったという記憶があります」

――核分裂させたあとの燃料を「返す」のですか?

「いわゆる使用済み燃料を返すのです。日本で再処理しなかったと思います」

――燃えたあとのウランとプルトニウムをアメリカまで返すのですね？

「ええ。そういうものを向こうに送り返した」

――ウランやプルトニウムですから輸送が大変だったでしょう。

「ウランは船です。プルトニウムは飛行機でしたね。輸送費をちゃんと計算して円ドルレートで計算して。当時私は担当課長でした。船で返すのです」

「昭和三十七年かなあ。核燃料課長やったのは。一九六二年ですね」

――積み出すのはどこの港でしたか？

「アメリカから借りる時は横浜に着きましてね。パトカーの先導で東海村まで運んだ記憶があります。返したのはどこだったかな……」

――厳重な秘密だったのですか。

「いやいや、秘密じゃないです。一般に報道されております。当時、政府はじめ特にマスメディアが非常に気にしたのは『平和利用だから絶対に機密があってはならない。すべて公開である』があらゆる行動の原則でした。まさに『原子爆弾を絶対につくらない』という基本が一番にあるわけです」

——返したのが何年か覚えておられますか。

「うーん。JRR—1のは比較的早くコンテナに入れて返したと思うのですが……」

——どうしてアメリカは核技術の供与をしたのだと思われますか。

「アメリカはソ連との核兵器競争に疲れていたのです。で平和利用に戦略を転換した。それはなかなか賢明な選択でしたね。つまりアメリカが主導権を取るということですね。軍事利用としてスタートしたが、平和利用という分野がある。それを世界に広めて主導権を取ろうとしたんです」

——アメリカの戦略転換がなければ日本が独力で原子力発電技術を編み出すことは難しかったのですか？

「難しかったでしょうね。まあ、正力《しょうりき》（松太郎《まつたろう》＝初代原子力委員長。読売新聞社主）さんは一生懸命イギリスからコルダーホール改良型原子炉を入れて、プルトニウムを生産してなんて計画を立てられたようですが、まあ結果的に株式会社『原電（日本原子力発電）』ができまして、最初の発電所コルダーホール型を入れたのですが（一九六六年に完成した東海発電所だけは日本の原発で唯一イギリス製技術を使っていた。濃縮ウランではなく天然ウランを燃料に、水ではなく黒鉛を減速材に使っていた。九八年運転終了）あとは全部軽水炉です」

「イギリス型は天然ウランが燃料ですから図体がでかいのです。アメリカ型は濃縮ウランで効率がいい。電気機械製造業界におけるＧＥと東芝、ウェスチングハウスと三菱と、戦前からの日米の結びつきがありました」

――伊原さんはイギリス型原子炉の導入に反対して正力さんに「木《こ》っ端《ぱ》役人は黙ってれ」と怒鳴られたそうですね。

「ははは。我々も勉強しましてね。イギリスは国情が違う。労働党政権下で石炭産業は国営だったのです。能率の悪い炭鉱も閉鎖しないで使うから、火力発電の値段が高かったんですよ。日本はアメリカから最新鋭の火力発電を入れたので、ずっと安かったのです。『（イギリス型原子炉は、高い火力発電と競争する）イギリスでは採算に乗りますが、日本では乗りません』と勉強の成果を主張したのです」

――どうして正力さんはイギリス型原子炉にこだわったのでしょうか。

「当時はアメリカではまだ商業用原発は始まっていなかったんです。発電ではイギリスやソ連のほうが早かった」（筆者注：アメリカで初の商業用原発であるシッピングポート原発がペンシルベニア州に完成したのは一九五七年。ソ連は一九五四年。イギリスは一九五六年）

――一九六三年にできた日本動力試験炉ＪＰＤＲのウラン燃料はどうされたのですか。

「それもアメリカから借りました」

――ＪＰＤＲは原子炉もアメリカのゼネラル・エレクトリック社製だったと聞きました。

「そうです。カリフォルニアのバレシトスという所にあるＧＥ社の研究所にあった一万数千キロワットの試験炉とほぼ同じものを動力試験炉として導入したのです」

――この時点で商用発電はアメリカ型になりそうだったのですか。

「イギリスのコルダーホール改良型の発電所をどこが買って建設するか争いがあったのです。日本原子力研究所も手を上げたのです。しかし結果的に二割が政府、八割が民間が出資して株式会社（日本原子力発電＝原電）でやることに決まった。日本原子力研究所は一度計画が蹉跌したんですね。じゃあ、原子力研究所の次の計画として、イギリス型は日本原子力発電株式会社が、アメリカ型は原研がやると政策を決めたのです。ですから私はずいぶん大蔵省にかけあって、予算を取るのに苦労しました。そして嵯峨根遼吉先生を団長にアメリカに調査団を出したのです」

――当時は伊原さんはどこに所属されたのですか。

「科学技術庁の原研の予算担当でした。大蔵省は『イギリスから（原子炉を）入れるからもういいじゃないか』と言うのです。それを『いやいや、アメリカ型のほうが将来有望なんだ』『濃縮ウランを使って小型で効率がいい』『イギリス型は値段も高い』と説得した」

――伊原さんがアメリカ型を推した根拠にはアメリカ留学で本物の原子炉をご覧になっていたことが大きいのでしょうか。

「ええ。それと三年後に嵯峨根調査団の一員としてアメリカに行って見てますから。当時WHから買うかGEから買うかなかなか難しい問題だったのです」

――イギリスはどうして天然ウラン燃料だったのでしょう。濃縮ウラン工場がなかったのですか。

「いえ、持ってるのですが、原爆用で手一杯だったのです。小規模だった。民間用まで手が回らない。アメリカには生産力に余裕があった。だからアメリカは平和利用のウラン燃料を一時期独占していました。イギリスも後に濃縮ウランに変えましたが」

――西日本にWH社の原子炉が普及し東日本にGE社製が普及したのはなぜですか。

「戦前からそうなっているのです。在来型火力発電は東京電力はGE、関西電力はWHと、戦前からあったのです。そうでなきゃいかんということではなく、原子力でも結果的に尾を引いたのです」

――規格上の都合でしょうか。

「当時はまだ政府で規格を統一するところまでは行っていなかったと思います。いずれにせよ技術導入してつくるのですから、図面やテクニカルノウハウは三菱はWH、東芝はGEをつくっているから、中身がよくわかっている。自然にそうなるのです」

――では日本がアメリカから濃縮ウランを貸与ではなく買ったのはいつですか。

「アメリカが国有ではなく民有に切り替えたのは一九六三年だったか六四年だったか……。アメリカも原子爆弾用ではない濃縮ウランの用途ができてきたのですね。それを外国にも売るとなったのです。ただし、売るときは政府間協定を結んでは平和利用に限ると決めるのです」

アメリカからの濃縮ウランの貸与が終わり、日本がオークリッジのビル・ウイルコックスからウラン燃料を買うようになったのはいつ、どの原発からだったのだろう。伊原はそのあたりは覚えていないと言った。

## 日本の原子力行政第一世代の悔恨

前回より伊原は和やかな表情をしていた。ここまで聞いた私は、もう少し深い質問をしても、教えてもらえるような気がしていた。アメリカの核施設を訪ねて回って勉強ができたように思えた。

——日本はエネルギー輸入国なのだから、原子力のような自立性の高いエネルギーがないとエネルギー自給にはダメなんだという議論もありましたか？

「そりゃ当然ありましたね」

——エネルギー自給と価格交渉力では、どちらが強い目的だったのですか？

「うーん（しばらく黙って考える）。とにかく自前のエネルギーは四％しかないのですからねえ。あとは輸入してこなくちゃいけない。できるだけ安いものがほしい。当然の発想ですよね。価格競争という観点でもそうでしょう」

——第二次世界大戦の前、日本は石油禁輸などの国際措置でエネルギー的に孤立してしまったという歴史があります。伊原さんのように戦争を経験された世代には、そうした記憶から来る危機感というのはありましたか？

「そりゃあもう、最初っからありますよね」

そう強く言って、伊原は一呼吸置いた。

「だから、まあアメリカの石油禁輸は真珠湾攻撃のひとつのきっかけにはなっているのです……よくアメリカと戦争する気になったと思います……破れかぶれだったのかもしれませんよね……」

伊原は一九四四年秋に京都市の第三高等学校（旧制）を卒業した。神戸生まれ神戸育ちの伊原は、船が好きだった。東大の船舶工学科が志望だった。しかし戦争末期の当時は受験のために鉄道で移動することすらままならなかった。電気工学に志望を変えた。東京に行くのがいいと東京工業大学に入学した。卒業後はメーカーに行きたいと思ったが、戦争直後の電機メーカーは人員整理・首切り・ストライキのまっただ中で採用がない。「しょうがないから」と商工省に入った。たまたま職場が「中曽根原子力予算」の担当をすることになった。

伊原の人生も、戦争と無縁ではなかった。

「（船舶工学をやっていたら）造船メーカーの技師長くらいしていたかもしれませんね」

そう言って、伊原は柔らかに笑った。

もうこの質問をしてもいいだろう。私はずっと聞くのをためらっていた質問をしてみた。

――伊原さんは、まさに誕生からずっと日本の原子力発電をてがけられてきた方です。その伊原さんが福島第一原発事故をどういう思いでご覧になっているのか、どうしても知りたいのです。

「こりゃもう、非常に痛切に反省してます」

伊原の声が少し弱くなった。

「電源喪失など絶対ないようなシステムにしなくてはいけないのに、電源がなくなって炉心溶融にまでいたってしまった。こりゃもう、世界の中の原子力技術開発における日本の責任としてあゝいう事故を起こさない責任を負っているわけです。反省し残念に思っているのです。でも事故を乗り越えて、世界の発展に寄与せんといかん。また安全技術を確立せねばならん。まあ原子力技術関係者みんなそう思っていると思いますが……」

——日本の責任とは、具体的にはどういうことでしょう。

「地震・津波対策のことです。大陸国家はみんな冷却水を取るために大きな川のふちに原発をつくるのです。日本は島国ですから海岸につくる。津波のように、予測不可能な大量の海水が押し寄せて何もかもぶっ壊していくというのは、工業国としては日本が対策を考えていかなくてはならない現象ではないでしょうか」

——なるほど。アメリカでスリーマイル島原発も見て来ました。大きな川の中洲《なかす》にありました。スリーマイル島原発事故やチェルノブイリ事故があったときは「これは大変なことだ」と思われましたか。

「はい。ただ、チェルノブイリの時は日本は炉型が違うという、やや救いの感じがあったのですがね……」

——日本ではあんな事故は起きないだろうと思われたのですか。

「そうでしたね……でも、それは油断でした。本当は事故が起きると考えなくてはいけなかったのです。もちろん日本にも原子炉等規制法といって、原子炉の設置には政府の許可がいる。許可の重要な条件として（放射性物質を）公衆に出さないようにと安全審査があるのです。いろんなシナリオを考えて……その目標は、敷地の外に大きな放射線の影響がないようにというのが安全審査の基本なのです」

伊原は一呼吸置いた。

「みんな合格してきたはずなんですけどねえ……」

——敷地の外に放射線は漏れることはない、というのは格納容器が壊れる事故は起きないという前提だったのでしょうか。

「スリーマイルの時に格納容器があって助かった。チェルノブイリには格納容器がなかった。アメリカ型原子炉には格納容器があった。それはずいぶん救いだったと考えたと思うのです。ただすべての電源が失われ、崩壊熱を除去できないってシナリオには十分考えてなかったのでしょうね」

「あのころはターンキー・コントラクトと言いましてね。アメリカのGE社に頼んで設計してもらって、部品をつくってもらって、日本に持ってきて組み立ててもらって、点検までしてもらって、全部つくってくれて、最後は鍵をくれる、とそこまでGEがやってくれる。福島第一の一号機はターンキーだから、アメリカの技術者は津波って、そこまでは知らないわけです。日本の担当者も配慮が及ばなくて、GEがやってくれるんなら全部任せようってなったわけです」

伊原の表情はどこか痛々しかった。子が不始末を起こした親のように見えた。ずけずけ質問をしたことが申し訳なく思えた。アルゴンヌの写真のプリントを数枚プレゼントした。伊原の表情が少し和らいだ。私は頭を下げ、事務所を辞した。

## 日本原発史とともに人生を歩んだ人、豊田正敏

もう一人、会っておきたい人がいた。かつて東京電力の副社長だった豊田正敏《とよたまさとし》という人だ。一九五五年、つまり伊原が留学した年に、同社が原子力発電の導入を決めてから、福島第一原発を立地していくまで、ずっと担当だった人だ。そのあと、ずっと日本の原子力

発電産業の中心にいた。もう一人の「日本の原発史の証人」だ。

ここまで、原子爆弾として生まれた核技術が発展して原子力発電になり、日本にやって来るまでの道のりをずっとたどってきた。灼熱のニューメキシコの砂漠からずっと歩いてきた。そして最後に残ったパズルのピースは「日本にやって来た核技術が、福島第一原発という形であの場所に姿を現すまで」だった。同原発一号機は、一九六七年に着工し一九七一年に営業運転を開始している。その当時を知る人に話を聞きたかった。

取材を重ねる中で、豊田の名前を聞いた。伊原と同世代である。高齢である。健在かどうか、不安だった。

調べてみると、豊田は東京・練馬に八十九歳で健在だった。私はすぐに自宅に手紙を書き、電話をした。若干耳が遠いようだった。しかしやりとりは明晰だった。豊田は私の突然の依頼を快諾してくれた。数日後、私は都心から三十分ほどの駅を降りて住宅街を歩いた。豊田は白い簡素な家に住んでいた。

「ああ、いらっしゃい」

豊田は応接間のソファで私を迎えた。お世辞や挨拶の言葉はほとんどない。愛想笑いもない。語り口はぶっきらぼうだ。しかし、自分の意見を率直に言う人だった。

「どう考えたって、おかしいよ」「まったく何やってんだろうな」

福島第一原発事故について、現在の電力業界や行政への批判を何度も口にした。一つひとつに、説得力があった。日本でゼロから原発を立ち上げた第一世代の人なのだ。すべてを直接体験したうえで言っている。すぐにそうわかった。

――豊田さんが福島第一原発の立地を担当されたころの歴史背景を伺いたいと思って参りました。当時はまだ水力発電が火力発電に移行する時期だったと聞いています。そんな時代に電力会社が原子力に踏み出される動機は何だったのでしょう。

豊田正敏

「そう。当時は水力から火力へ、ですね。『火力もやはり燃料、資源の問題があるだろう』ということで電力会社としては『将来は原子力発電をやはり導入しなければいけないのではないか』とそういう考え方があったわけです。最初は九電力（会社）それぞれがやるんじゃなくて、一緒に原子力の技術を育て、原子炉をつくりましょうということで東海第一発電所（一九六六年）をつくった。そこに各社の技術者を集めてやったのです。技術だけじゃなくて事業として経験を積むということもあったのでね」

――なるほど。「事業としての側面」として、どういうノウハウですか。

「全部ですよ。最初から」

――「原子力発電がないと供給が追いつかない」とか、そういう必要があって始まったわけではないようですね。

「いやいや、それはないです。私が担当になった時は『まだ実用化は先なんだから、ずっと私が出る幕はないんじゃないか』と思った。社命があればやむを得ず引き受けたわけですけどね。その時はまだ実用化がいつできるか、私としても見通しがなかったですね。大分先、三〇年先じゃないかという感じだと思ってました」

豊田は一九二三年に生まれた。一九四五年に東大工学部電気工学科を卒業。東京電力に入って福島第一原発の立地を担当して以後、原子力部門の真ん中を歩いてきた。福島第二原発準備事務局長、原子力本部長から常務、副社長などを務めた。日本原燃サービス社長、電事連原子力対策会議委員長、原子力委員会や原子力安全委員会の専門委員会委員、通産省原子力部会委員と、肩書を並べるだけで、日本の原発史とともに人生を歩んだことがわかる。

　東電技術部計画課で電力系統計画を担当していた豊田が、原子力発電課の主任になったのは一九五五年十一月のことだ。伊原がアメリカに原子力技術の留学に出発してから九ヶ月後である。そのころはまだ電力会社は火力発電の導入が大きな課題だった。

——東電は原子力を「今どうしても必要なもの」というより「将来への投資あるいは布石」と考えていたのでしょうか？

「電力会社の中にもね、放射能の問題とか、崩壊熱があるじゃないかという問題で『やるべきじゃないんじゃないか』という意見もありました。が常務会で社長が『やろう』と。『そういう潜在的危険性があっても、それを顕在化させない対策を取るということでやるべきだ』と言った。私もずいぶん木川田《きがわだ》（一隆《かずたか》・社長在任一九六一～七一年）さんから『原子力は安全最優先でやってくれよ』と何回も言われたんですがね」

——「顕在化させない」ということは「放射能を外に出さない」「公衆に害を与えない」ということですか？

「最初からやってる人は『安全性神話』なんか信用してはいなかった。顕在化させない努力を十分やらなきゃいけないんだと、そんな感じでやってた」

——安全神話というのは後から出てきたものなんですね。

「それはマスコミが言ったんだと思う。それが、原子力関係者の中にも、一般の人に対して、反対派なんかに『俺は発電所の近くに住んでるんだ』『安全性には自信持ってるんだ』とか言い出してね。私は『それはちょっと行き過ぎだ』と思ってたんだ。そういう連中もいるから今回みたいなことが起こったんじゃないかと感じてます」

——なるほど。電力会社の人でも言葉だけが上滑りした、言葉だけが先に行ってしまったところがある。

「ええ。要するに『安全を過信しちゃいかん』ということなんですけどね。『原子炉を確実に止めて』『燃料を冷やして』『放射能が出ないように閉じ込める』と。『万一放射能が漏れてもそれを格納容器に閉じ込める』と、三つをやるためにね、多重防護ということでいろんな装置を『止める』『冷やす』『閉じ込める』装置とそういう多重バリアーをつくった。そういうことをやってきたのに、今回のような事故が起きた。ただただ残念です」

——原発黎明期の時代は社長や経営者も「原発事故はありうる」「それは非常に危険なものだ」とわかっていた。いまの東電からは想像できません。

「そのあと電力自由化時代になって、社長や経営者がカネをけちって『安全にはカネがかかる』と言うと嫌な顔をするようになった。そのしわよせみたいなものを隠したりごまかしたり『安全についてもできるだけカネを節約する』ということで、今回みたいなことが起こったんじゃないかという感じもします。だけどそれくらいのことはね、原子力関係者が『いくら経費節減と言ったって、安全対策は必要なんだ』ともっとがんばらなければいけないんですよ」

話はどうしても福島第一原発のことに流れていった。自然なことだろう。豊田は福島第一原発をつくった人なのだ。

その豊田が「安全神話など信じていなかった」と言ったのには衝撃を受けた。それどころかもっと原発に「畏怖」のような気持ちを持っていることがわかってきた。「原発には危険な物質が閉じ込められている」「事故は起こりうる」「だから中のものが外に出ないように最大限の努力をする」という思考がわかった。豊田の下の世代の学者や官僚、経営者が「事故など起こり得ない」などと言い放つ姿を見てきた私には、豊田は謙虚に思えた。

豊田や彼の世代が現役を去り、下の世代が原発を受け継いで、何が変わったのかも豊田ははっきりこう言った。「安全はカネがかかる。なのに、経営者が安全にカネをけちるようになった」。これもショックだった。

豊田は『原子力発電の歴史と展望』（東京図書出版会、二〇〇八年）という本を書いている。福島第一原発だけでなく、福島第二原発も立地から歴史を詳しく記している。私もインタビュー前に勉強のために読んでおいた。それによると、福島第一原発の立地が進められていたころは、政府の法律や規制がまだ整備されていなかった。電力会社のほうが官僚より先行していたという。

――豊田さんのご本にも書いてあるんですが、福島第一原発の立地が始まるのは一九五七から五八年ごろですね。年代を照らし合わせてみると、当時はまだ政府の「立地指針」ができていません。「重大事故や仮想事故が起きた時にも放射能が漏れないように」という指針です。一九六四年にできました。政府が指針を出す前から原発の立地が進められたのはなぜでしょう？　大丈夫だったのですか？

「重大事故という考えは前から我々としてはちゃんと採用してましたよ。昭和三十九年（一九六四年）というと東海発電所をつくっているところでしょう？　その当時は原発は三基ぐらいという時代だからね。政府が基準をつくらなくても、それぞれでやりゃいいんですからね」

——それぞれがやっていればよかったんですか。

「そうです、はい。我々が技術部あたりから教わったことをまた向こう(官僚)に言ってやってね。それに『あ、そうか』と納得している段階ですからね」

——つまり電力会社が先行していて他に教えていたということですね。

「教えるというか、『イギリス・アメリカから仕込んできたことを教えてやってる』という感じでした。それはやむを得ないですよ、そのころは。だけどそれがね、最近まで原子力保安院なんかがそういう電力会社の言うことを信用して『虜』になってたというところが問題だと私は言っている。しかし、しょうがないよ、技術レベルが違うんだからね。電力(会社)の方が勉強してますよ。官僚は何年かいたら替わっちゃう。電力会社の人間は、原子力やると一生やるんだ。二〇年も三〇年もやる。私なんか四〇年やってきたんだから」

**なぜフクシマに原発が建てられたのか?**

私がずっと答えが知りたいと思っていた問いがあった。なぜ東京電力の原発が東京電力の電力供給圏外である福島県にあるのか、ということだ。福島県は東北電力の管内である。福島県は自分の県にある原発でつくられた電気を使っていないのだ。

——なぜ管外である福島に東京電力の原発を立地されたのですか。ご本には「福島第一原発の立地の時に供給区域内の地元の了解を得られなかった」という趣旨が書いてあります。詳しく教えてもらえますか。

「地元の了解というより、良い地点がなかった。探してみたってないんですよ。もう（茨城県）東海村は取られちゃってるしね。原電に取られちゃった。伊豆方面も探したんだけどね。静岡、浜松だって。浜岡まで行けばここからもう、中部電力だしね。こっち側のあれはないですよ。東京電力管内はね」

——その前提には「海水から取水する」＝「海岸に建設する」ことがありますね？「日本では欧米のような冷却塔（空冷方式）が使えない」とご本に書いていらっしゃいました。

「使えないというより、効率が悪いのです。大きくなりすぎて、経済性が悪い」

欧米の原発は、システムを回る水の冷却に冷却塔を使うことが多い。日本酒の徳利のような形をしたタワーだ（カラー口絵⑦）。熱くなった水を空気で冷やす「空冷式」である。

日本の原発は海水で冷やす「水冷式」である。欧米の原発が内陸の川のほとりにあることが多いのに対して、日本では海岸にあるのは、そんな理由がある。海岸にあるから、津波に襲われた。じゃあ、なぜ地震や津波が発生する日本で、原発をわざわざ海岸につくったのだろう。どうして内陸につくらなかったのだろう。冷却塔方式にしなかったのだろう。

——それで海水から冷却水を組み上げる水冷式になった。だから海岸沿いになったということですね。そうすると、そもそも「東電の管内で海岸沿い」という場所があまりないように思えます。

「東京湾だと横須賀にありますけどね。やっぱり人口密集地帯ではなかなか立地が難しいですよ」

——馬鹿な質問で恐縮ですが、そもそもなぜ人口密集地帯には原発の立地が難しいんでしょうか？

「安全上の問題がありますよ。人口が多いと漏れた時の放射能が、集積線量というものが多くなるというのがひとつと、それから退避が大変ですね。交通渋滞が起きちゃう。多数の人が退避するから。それと土地代が高いとか」

——ああ、なるほど。

「それから、賛成してもらえないんだよ。多数いれば、それだけ反対する人が多い。ま、そういういろんな条件があるから。それと岩盤の良い所が少ないという点もありますよね。まあそういう点も考えて、実際にあたってもないということだった」

――じゃあもし近くであれば東電管内に立地されたのでしょうか。

「あれば近くでやったほうが楽だよね」

――送電コストという点ですか？

「送電コストのことですね」

――また馬鹿な質問をして恐縮なんですが「原発は東京のような人口密集地につくると危険なものだから人口希薄地帯につくったんだ」という俗説があります。一部あたってるということになりますか？

「一部あたってるけども……あまり人口の多い所で今回みたいな事故が起こった場合大変ですよ。やはりエクスクロージャーエリアという、立ち入り禁止区域がある程度大きさがなければ、発電所はつくれません」

――それはいわゆる原発の「敷地」のことですか？

「敷地というか、要するに原子炉からどのくらいの距離離れている、敷地と境界がどれくらい離れているか。普通六〇〇メートルから一キロないとね」

——それが「エクスクロージャーエリア」ですね。原子炉立地指針に書いてあります。その指針ができる前からそういう考えで立地をされていたということですか。

「そりゃもう考えてますよ。そういうことはアメリカからとかイギリスから教わったという点もあるけどね」

——福島第一原発では、冷却塔ではなく海水での冷却を選んだわけですよね。ご本には「日本は湿球温度が高い」つまり日本の気候だと「冷却塔をつくっても経済的に引き合わない」とあります。経済的に引き合わないのは何故なんですか？

「外国なみの冷却塔ではできないんです。もっと大きなものをつくらないと。それ以外に海水じゃなく河川から冷却水を取るとすると、水量が大丈夫かどうかという問題がある。効率が悪いから、相当量の水を空冷してやらないといけない。そうすると冷却塔は非常に高いものにつきます」

——日本で空冷方式にしたら、冷却塔が欧米よりでかくなるということなんですね。

「ずっと大きくなる」

——もし欧米並みの空冷施設で済んだとしたら、海水から取水しなくてもいい。すると、日本でも津波の来ない内陸に原子力発電所がつくれていたかもしれないのですか？

「そりゃそうですよ。欧米並みの湿球温度であれば、欧米並みの冷却塔でやれたわけですからね」

――「経済性が合わない」とは、冷却塔の建造費用がばか高いものになると。

「そうですよ。それとそれだけ水をくみ上げる動力も必要ですよ」

――なるほど。いろいろな日本の条件を考えて海岸沿いに原発をつくられたんですね。

「そう。火力発電所もそうでしょう？　火力も原子力発電所もそこは変わらない」


豊田の本にはもうひとつ興味深いことが書かれている。「格納容器」という言葉を"container"という英語から翻訳したのは豊田だった。英語で書かれた専門用語の日本語訳を決める。豊田がかかわったのは、それくらい初期だった。

福島第一原発事故が起きたとき、私は最初「圧力容器」と「格納容器」の違いがよくわからなかった。というより、なぜ二重に「容器」があるのかわからなかった。「格納容器」という言葉は「原子炉を格納する容器」という意味に思えた。しかし「容器」と言えば格納する容れ物に決まっている。意味が重複している。考えれば考えるほど混乱した。

しかし海外の報道を見て、「格納容器」のことを英語で〝container〟ということを知って、疑問が氷解した。〝contain〟は「漏れて来ないように封じ込める」という意味である。つまり、その役割は「万一事故があっても原子炉から放射能が漏れてこないように封じ込めるバリア」である。「原子炉の容れ物」ではない。

では、なぜ一体わざわざ「格納容器」などとわかりにくい訳にしたのか。本来の役割を詳《つまび》らかにすると社会が怖がるからだろうか。「事故がありうるからこんなものが付いているのだろう」と反対派に突っ込まれるからか。ずっとそんなことを考えていた。

豊田に聞いてみたら〝container〟の元々の意味は「放射能が漏れて来ないように封じ込める容器だ」とあっさり認めた。設計された目的が元々そうなのだとも言った。昭和三十二〜三十三年ごろ、アメリカのイリノイ州にあるドレスデン原発の文献から言葉を翻訳したという。

私は「放射能を閉じ込めるための容器と言うと、皆が怖がるから、格納という言葉にしたのではないんですか」と尋ねた。

「いや、そうかもしれない。『封じ込め容器』とした方が良かったかな？　いや、封じ込め容器はちょっとね……。コンテーナーと言うから、やはり格納と言ったほうがぴったりするからね」

豊田はそう言って笑った。

## 福島第一原発は地震や津波を想定していなかったのか？

開設当初の福島第一原発は「アメリカ人がつくった原発」だった。純粋国産の他の原発とははっきり違う。当時はまだ日本のメーカーが独力で原発をつくる力はなかった。ゼネラル・エレクトリック社が製造し、完成後日本に引き渡した。当時の報道を見るとアメリカから来たＧＥの技術者が住む住宅「ジェッコ村」が（ＧＥＴＳＣＯ＝ＧＥ Technical Service社）地元の大熊町にあったことが記されている。福島第一原発は日本のメーカーが技術を習得する場所でもあった。原子炉をいくつかつくるうちに日本も力をつけ、こうした「アメリカ人がつくった原発」は少なくなっていった。

――もうひとつ、ご本に書かれたことで質問です。「福島第一発電所一号機はＧＥ社の『ターンキー・コントラクト』で納入された」とあります。つまりアメリカがすべて設置して「あとはスイッチを入るだけ」状態にして日本人に納入されたと。

「そういう契約だったんです」

――それは日本の技術力ではまだ独力では原発がつくれなかったからですか？

「もう、まったく全然問題にならなかった。メーカーが」

――「技術大国日本」も、当時はそんな程度だったのですか！

「全然だめ。もうやる時に、何をぼやぼやしてるんだよ、と思った。悪いのはね、東海発電所はね、日本の日立、東芝、三菱重工があまり関与してない。富士電機にやらしたというね。非常に問題だと思ってるんですよ。元々原電は、東海（発電所）に軽水炉を採用すべきだった。私はそう主張したんだけど、止められなかった」

――東電としては軽水炉は福島第一原発が初めてだった。

「東電としては初めてですよ」

――それまでは共同会社の原電がやっていますね。つまりこれは原電でノウハウを蓄えて、東電が「よし、じゃあ今度は俺のところが独立でやるか」というのが初めてだったということですね？

「初めてです。敦賀（一号）でやったって、メーカーには全然実力にならなかったんでね。それでとにかく福島第一の一号機の時に、ターンキーだけども、日本のメーカーは下請けに使って、それにノウハウを教えてやってくれって。要するに機械のつくり方とか、設計のやり方、これを全部教えてくれよと。それを条件にしてくれればするよと。だから彼らはそれで非常に勉強になった。それがなかったらその次できなかったんだから」

――メーカーはまだそんな段階だったんですか。

「一号機はGEですよ。二号機もターンキー契約だった。二号機は出力が高かったから国産は無理だった。その次から三、四号機をやらしたんですよ、日本のメーカーにね」

――それでは福島第一というのはすごく歴史的な原発なんですね。ターンキー納入の原子炉というものは他にあったんでしょうか？

「それは福島第一の二号機、五号機。福島第一ぐらいじゃないかな。そのくらいまででしょう。その後はもう全部が国産」


ここで私の疑問に移る。「福島第一原発一号機はアメリカが設計したから、地震や津波を想定していなかった」という俗説がある。真偽はどうなのだろう。

「GEの責任じゃないです。津波は日本で何メートルと決めることになっています。アメリカ側になんか頼んだって、いい加減なことしか出てきやしないもの」

――アメリカのメーカーは原発に事故を起こす天災といえば竜巻を想定していて、津波の浸水は想定してなかったのじゃないかという説があります。それはどうでしょうか？

「津波はアメリカの協力範囲にないんです。津波とか地震についてはこちらで決めて『こういうことでお願いします』とＧＥに全体条件を提示することになっている」

——なるほど。

「それはいいけども、ディーゼル発電機をタービン建屋（原子炉より海側）に置いたのは、これは津波の問題の前に、耐震設計上の問題があるんですよ。耐震設計を施された原子炉建屋に置かなければいけない。東電の所長もメーカーも、工事やったり点検やったりするんだから、その時にわかるはずなんだ。わからなかったのが不思議だなと、これまで私はマスコミに言ってたんだけども、そうではないんだな。社長なんかには気づいたのがいるんだって。気づいた連中がどう言ってるのかというと『実績がないからそれをやらなかった』んだって。実績がなきゃやらないというのはおかしい。それが必要だと思ったらやらなきゃいけない」

——変な言い方ですね。

「何を言ってるんだと言いたいね」

——「実績がない」というのは「津波が来たことがない」と言ってるのと同じです。

「おかしいよ。だって非常用電源というのは、原子炉の周りを冷やしたりするものに電気を供給するんだから。原子炉建屋に当然置くべきですよ。そこから供給するんだから」

――そういうことですよね。

「耐震設計上もそうだし、原子炉の安全を確保するための対策だから。当然原子炉の近くに置くべきですよ。それをスペースが足りないからといって…。原子炉建屋は確かにスペースが小さいですよ。小さくたって置くべきですよ。そうすると水密電線でつなげたりして、耐えられたかもしれないですよ。福島第二なんかそれで助かってんだから」

豊田の本にはもうひとつため息が出そうな逸話が記されている。福島第一原発の敷地は、元々は海から三五メートルの高さがあったのを、掘削して一〇メートルにまで下げたとあるのだ。三五メートルあれば津波からも助かったはずである。なぜわざわざ削ってまで低くしたのだろう。

――ご本に「標高三五メートルの台地であったのを、標高一〇メートルまで掘削整地した」とあるのですが、これは何故なんですか？

「それはね。発電所にタービン発電機、原子炉建屋、そういったものを海から水揚げする時に四、五メートルあたり揚げるのはいいけど、三五メートル揚げるのは相当の大型クレーンでしなければできません。不可能ですよ。船から揚げなければいけないんですよ」

——船からタービン、つまりでかい構造物を海から運んで陸に揚げるということですね。それはどんなものが一番大きかったんですか？

「タービン、発電機、原子炉容器。重いやつだね。格納容器というのは細切れにして運んで現地で組み立てればいいんだから、できますけどね」

——タービン、発電機、圧力容器というのはばらして組み立てるというわけにはいかない。できあがったものを船に持ってくるということなんだ。それほど重いのですか？

「重いよ。何百トンもあるんじゃないですか？」

——高さ三五メートルあれば、津波でも大丈夫なのにどうしてわざわざ低くされたのだろうなと思ったんですよ。そういう理由だったんですね。

「そうですよ。それともうひとつは、原子炉建屋の基礎まで掘らなければいけないんですよ。これはそこだけ深く掘るなんていうのはなかなか大変ですから、いっそのこと全部掘ってやろうということと、それからタービンの復水器に海水を供給するんだけど、これがまた上まで上げなければいけないんですよ」

――つまり海水で冷やすために、海水を上に送る。

「それは三五メートルの上にポンプを置いたんじゃ水を上に上げることはできないんです」

――その時これほど高い津波が来るという想定にはなっていなかったのでしょうか？

「なってなかったですね。一〇メートルぐらいのもので、防波堤が一〇メートルの高さにしているわけですね、それで十分だと。最初は我々もそう思っていた。津波の問題がいろいろ問題になってきたのは最近の話ですから。その時に直さなければいけなかった。なのに、土木学会に頼んで検討してもらうという。私が言えばおかしいんだよね。地震のメカニズムとか、津波の発生とかは工学の分野じゃないんですよ。理学系だもの。それを土木学会にしたのは、何かね？『一九メートルぐらいの推定が出た』（実際は一五・七メートルの予測）というのを最近まで東電は隠しちゃって我々にも教えていなかったんだよ」

――えっ！　元副社長にさえ隠していたんですか？

「要するにカネけちってたんですよ。まあ合理的に推定できる範囲でやってたんでしょうけどね。『できるだけけちろう』という考え方が根底にあるからね。だから今回みたいなことになったんじゃないか。それともうひとつは例えば高くなった場合には防潮堤だけじゃなくて、それを入れている、収納する建屋の水密扉化する。多重防護でやるということが必要だったと思いますね」

――津波が乗り越えてきて水が入ってきても、水密であれば中の電源が守られる。

「そう。水密の構造の建屋の中に入っておけばね、助かった」

――つまり豊田さんの時代からいろいろな諸条件が変わった。その度にアップデートしなければいけなかった。

「そうそう。『津波が問題だ』というのは最近の安全性指針に入っているんだ。バックフィット（注：最新の技術・知見を取り入れた基準に適合するよう、既存の設備を更新・改造すること）を既設のものに適用するということになってなかったのかなあ？　私らはしっかりとバックフィットやりますからね、既設のものについて。それが徹底してない」

――そうすると、どこかで豊田さんの時代のような「事故は起こりうる。だから気をつけるんだ」という発想がなくなってしまった。受け継がれなくなったんですね？

「なくなったというのかなあ。多重防護はそのためにやるんですからね。それは引き継がれてるんだと思いますよ。ただ希薄になったことだけは確かだねえ」

――しかし現実には直流電源が生きてないということが、最大の問題だったわけですね。つまり計器類も止まってしまった。

「いや、直流電源が非常に重要だということは彼らも認めてるんですよ。それが失われた時の対策が手順書になかったということを認めてるんだよ。消防ポンプは手順書にはなかったけど応用動作でやりましたと。ただ手遅れであったために、間に合わなかったけど溶融の程度を下げることには役立ったと言っている」

――そういうのを焼け石に水と言うんじゃないのかな。

「そういうことですよ。彼らが気の毒だよ」

――誰が気の毒なのですか？

「安全性のカネをけちってって出し惜しみ、市民に隠す。あるいはごまかす。そんな社長がいるというのは非常に問題だと思う」

「勇気をもって『これ必要なんだから出してくれ』と、堂々と言えばいいじゃないか。大したカネじゃないんだから。それを出さないために被った害、あるいはごまかして一般の信頼を失うということを考えねばならない」

――シビアアクシデント対策はどの辺で取られるべきだったのでしょうか？　チェルノブイリ事故のあと、世界の標準になっています。その時点で取るべきだったのでしょうか？

「各国ともその時点でやってるんだからね。過酷事故対策をやるべきだった。これもおかしいんだ。過酷事故対策を国は『電力会社の自主性に任せる』という。『安全委員会は審査する必要がない』というようなことが書いてあるんだ。そんな馬鹿な。その理由は『安全神話で安全に問題ないと言われている時にそういうものを原子力安全委員会が審査したのでは安全神話は崩れる』からだと言うんだ。こんな馬鹿な話はないですよ。ちゃんと原子力安全委員会が見るべきですよ。ところが実際には東電は『ちゃんと国とも相談して審査してもらってあります』と言う。だからどっちが本当だかわからない」

――福島第一原発の立地当時は原発事故というものがどんな形で想定されていたのかを伺いたいのです。三・一一では格納容器が壊れて、放射性物質が敷地の外に放出されてしまいましたね。あのような「甚大事故」と呼ばれるものが立地当時の一九六〇年前後に想定されていたかどうかということをお尋ねしたかったんですが。

「いや、想定されていたとも、いなかったとも言えないね」

――どういう意味ですか。

「というのは、通常考えられる、確率論的な安全評価をやってるわけですけど、それでは考えていなかったんですよ」

——安全評価では、ですか。

「いや、考えていないとは言えないのかな。その辺難しいんだな……やはり重大事故というか、最大仮想事故としては考えてたんですよ」

——なるほど。

「それが現実的に起こるというところまでは、大部分の原子力関係者が考えていなかったんじゃないかと思う。そういう微妙な問題なんだよ。だから考えていたとも、考えてなかったとも言えない。相当シビアな人は考えてやっていた。私もそう考えていたけども」

「問題は格納容器とかねＩＣ（一号機に付いていた古い冷却装置。事故当時、誰も使ったことがなかった）とかなんだ。そういう過酷事故に対して、対応を検討はしてたんだよ。だけど実際の実験でのチェックをしないでつくったところに問題がある」

「格納容器にしても（事故時と同じような高い）圧力をかけてやらないといけない。それを怠っていた。実際圧力がかかった時にベントのためのバルブを開く状態にしてたんだけど、実際に圧力が上がった時、開かなかった。そういうのがシビアアクシデント対策をつくる時に当然実験で確かめておかなければいけなかった。それをやってないというところに問題があった」

――実際に実験で作動できるかどうか確かめうるものなのですね？

「確かめうるでしょう。格納容器に圧力をかけりゃいいんだよ」

――どうしてそれを実験しないのでしょうか？　やはり実験するとなると地元の住民が反対するとかそういう理由なんでしょうか？

「それもあるでしょう。カネもかかるしね。最近の原子炉関係者は『安全だと言ってるのに、余計なことをやるな』と言う。やれば不信感を持たれてかえって逆効果だという感じなんだよね。最近の考え方は。シビアアクシデントにしても『電力会社の自主性に任せ原子力安全委員会は関知しない』と言っている」

――先ほどの話に戻るのですが、福島第一原発の立地当時に豊田さんはこういったシビアアクシデントの可能性を考えた一人であったとおっしゃったのですが？

「考えた一人じゃないよ。大体、最大事故というのは考えることになっていたんだから」

――当時は「最大事故」と言っていたのですか？

「最大事故というのは原子炉が燃料が溶融して格納容器から放射能が放出される事故。そういう事故が起こるかもしれないけど、非常にまれで、それに対しては保険をかけて担保すると。災害保険をかけて、国が負担してもらうと」

――災害保険とおっしゃいましたか？

「放射線災害。そういう話はあまり今から言ってもしょうがない話。災害保険かけられるためには十分でないところに問題があるから、国が全部負担しないんですよ」

――つまり上限がある。国が全部は負担しないということですか？

「だから上限があるかもしれない、どこまで負担するかということが明確でなかったということですね」

――それは電力会社である東京電力の側ではそういった政府の災害保険をあるものだと思っていたのに、なされなかったということなんでしょうか、それとも……。

「あてにしていたんだよ。まあ、津波が起こるまでは、起こると思っていなかったんだから、それほどシビアに話し合いはしてなかったけど」

## 原子炉は潜在的に危険なものであるという認識

私はアメリカでの取材を思い出していた。東京都より広いアイダホの荒野で、アメリカが「ＢＯＲＡＸ―１」や「ＳＰＥＲＴ」などの原子炉の暴走実験を繰り返していたのは一九五〇年代後半から一九七〇年ごろだった。ということは、福島第一原発が着工されたころには、原発が暴走事故を起こしうるなどということはとっくにわかっていた。また原子炉が暴走すると壊滅的な爆発が起こり、放射性物質が撒き散らされることもわかっていた。では、それは日本には伝わっていたのだろうか。

――アメリカでの知見は、福島第一原発が立地された当時、豊田さんはじめ日本の原発関係者の方々にも認識されていたというふうに考えていいでしょうか？

「認識されてたんですよ。アメリカでやったのをちゃんと認識されてるし。日本でもそういう燃料溶融が起こった時に水をかけたりしたりするNSRRというのが緊急冷却系が働くかどうか実験はやってますよ。原研で」

――石川迪夫《いしかわみちお》さんの『原子炉の暴走』というご本に破壊実験「NSRR」のことが書いてあります。日本でも炉心が壊れる反応度実験をした。これが一九七二年ですね。ちょうど福島第一原発が運転を始めた直後です。そうすると、当時すでに「事故など起こり得ない」という「安全神話」とは全く違う世界だったんだということがわかってきたんです。

「そんな安全神話なんて言葉はマスコミがつくった。頼まれてね。それがいかんと言うんです。原子力関係者も最近の連中はそれを利用してるんでね。けしからんと思う。私なんかが始めたころは『原子炉というのは潜在的危険性がある』と考えていた。『放射能が蓄積されている』『原子炉が止まっても崩壊熱があって燃料が溶ける可能性がある』『そういう時は緊急冷却器とかいろいろ多重防護を作動させる』『そうやって事故を顕在化させない』『そういう対策を取るから安全だ』。そう言っていた」

——ところが最近の原子力行政の関係者や電力会社の方に取材してみると、その反応が薄れているのです。

「だから最近の連中は薄れているんですよ」

——いつごろからそういう変化が起きたのでしょうか？

「いつからって……（沈黙）。ともかく私の現役の代にはそういうことはなかった。いつごろからかは知りません」

豊田の口調が次第に変わってきた。少し声が大きくなり、感情がまじってくる。しかし、さすがに元東電幹部である。豊田はすぐに自分でそれに気がつく。冷静に戻る。記者の前で感情的になってはいけないと自制する。するとふっと言葉が途切れるのだ。そんなことが繰り返された。

感情を出すまいとしても、豊田の嘆きが伝わってきた。無理もない。自分が人生をかけた原発が最悪の事故を起こしたのだ。しかも事故が起きてみると、自分が苦労して築き上げたはずの安全対策は、いつの間にか後輩たちによって蔑《ないがし》ろにされていた。いたたまれない気持ちだろう。

豊田にせよ伊原にせよ、日本の原発技術の先人たちが、九十歳近くまで生きて、自分たちが手塩にかけた原発がメルトダウン事故を起こすのを見てしまったのである。その悲痛な気持ちを思うと、私も胸が痛んだ。

何度か豊田が沈黙したところで私はインタビューを終えた。そして家を辞した。来た時はまだ明るかったのに、外に出ると、すっかり日が暮れていた。東京郊外の住宅地を、駅まで歩いた。コンビニエンスストアやカラオケボックスの電飾が明るかった。

ふと思い出して、かばんから線量計を取り出してみた。しんしんと冷たい空気にかざしてみると「毎時〇・一一マイクロシーベルト」のデジタル数字が現れた。

東京の空気に、福島第一原発から二二〇キロ空を旅してきた放射性物質が飛んでいる。息を吸うと、冷たい空気がひとすじ、私の気道を通って、肺胞に降りていった。

# 10　旅を終えて

## 「核兵器」と「原子力発電」は同じ技術から生まれた

もう二五年近くも前の話なのに、忘れられない原発の思い出がある。

そのころ私はまだ新米の新聞記者で、名古屋に勤めていた。勤務先である新聞社を通じて電力会社から原発の見学会の誘いがあった。今から思うと、あれは三・一一のあと運転停止で話題になった静岡県の浜岡《はまおか》原発だった。

チェルノブイリ原発事故のあとで、世の中は反原発で沸き立っていた。しかし、私はといえば、原発に関心がなかったわけではないが、それほど切実な危機感や問題意識を持っていた記憶もない。めったに見ることのできない原発内部を見せてくれる。後学のために見ておいて損はない。そんな程度の軽い気持ちだったように思う。

同僚や先輩記者数人と浜岡まで出かけた。電力会社の社員が案内・解説してくれた。定期点検中の原子炉を上から覗かせてもらったりした。燃料棒集合体の格子が青いライトのプールの底にゆらゆら揺れて見えたのを覚えている。

原発内の見学をひと通り終えて会議室で休憩していると、所長がやってきた。見学に来た記者たちに歓迎の挨拶をするためだ。五十〜六十代の所長は「みなさん、いかがでしたか」と感想を聞いた。私たちは素直な実感を正直に言った。

「広島や長崎を灰にしたのと同じエネルギーがあの原子炉の中で繰り広げられていると思うと、すごいというか、ちょっと怖いですね」

すると所長がカンカンになって怒りだした。

「原発を原爆と一緒にするな！」

わなわなと唇が震えているのが見えた。

私たちはあっけにとられた。目の前の所長がなぜそんなに怒り狂っているのか、理解できなかったのだ。

私たちは別に「原発が原爆と同じくらい危険だ」と言うつもりはなかった。そんなことは考えてもいなかった。解き放てば都市をひとつ燃やし尽くしてしまうような莫大なエネルギーを容器の中に閉じ込めているのだ。原子炉の鋼鉄の壁を隔てて、そんなエネルギーが燃えている。それを眼前にして、技術のすごさに驚いた。それが偽らざる気持ちだった。それに、どう言い繕《つくろ》っても「核分裂→臨界」という核エネルギー源となる物理現象そのものは同じではないか。

まあ、私もまだ二十代の若者だったので、言い方が舌足らずだったのだろう。所長にすれば、自分の子供くらいの年齢でしかない若い記者たちが無邪気なことを言ったので、カンに触ったのかもしれない。

「まったく、何考えてるんだ！」

所長の怒りの声が大きくなった。つられて別の若い記者が応酬した。原発廃止が持論の先輩だった。

「でも、事故の確率をゼロにすることはできないでしょう。その事故が起きたときは、放射能汚染が起きるじゃないですか」

すると所長はますます激昂した。「なんだと！　事故なんて起こらないんだ！」と怒鳴り始めた。火に油を注いでしまったのだ。

その親子げんかのようなやり取りがその後どうなったのかよく覚えていない。いきり立った原発所長と血気盛んな若い記者の怒鳴り合いを、ほかの先輩記者や中電の社員はどう収拾をつけたのだろう。

これが、私にとって数少ない三・一一前の原発取材の思い出なのである。

所長にとっては、原発を原爆と関連付けられるだけで不愉快だったのだろう。

その後、学者、官僚、電力会社社員を問わず、日本の原子力関係者に会う機会が時々あった。同じような発想の人が何人かいた。「記者さんは原発は原爆と同じだと思っているんでしょう？」と挑発的に言う人もいた。

この人たちにとって、原子力発電と核兵器を関連付けることはタブーなのだな。私はそう悟った。それが「日本の核コミュニティの文化」なのだ。その見立てはさほど間違ってはなかった。

ところがアメリカの核コミュニティを取材で訪ねたら、まったく違う文化が広がっていた。

アメリカの核技術施設を取材するのに先立って、取材の申し込みメールを送る。自分の取材内容を説明するために「ヒロシマからフクシマへの道」という本のタイトルを告げる。同時に「核兵器と原子力発電という、同じ技術から生まれた双子の兄弟の物語を書いている」と説明する。すると、すぐに話が通じた。会って話すと「核兵器と原発が双子の兄弟という比喩はうまいたとえだ」とほめてくれる。そこには「同じ技術を親として生まれた」「まったく別の個人として、違う道を歩んだ双子の兄弟」というニュアンスがある。まして、両者が同じルーツを持っていることを否定する人など、誰もいなかった。

アメリカ人にとって、そんなことは目の前で展開した自分たちの歴史として、当たり前の事実だからだ。

この本を読み終えられた読者の方々も、同じように感じておられるのではないだろうか。アメリカは、臨界状態をつくり出して自然の中に眠っていた核エネルギーを引っ張り出すところから始まって、原爆をつくり、爆発させ、原子炉に閉じ込め、それを発電所に設置しそれが全国や世界に普及していくところまで、全部ひとつながりの「自国の歴史」として体験している。

ニューメキシコの砂漠で原爆が爆発する夜明けの閃光を、周囲の住民たちが目撃し地元紙が書いている。「核エネルギーの解放」は自国の領土で起きた自国の歴史そのものなのだ。自国民が経験し目撃した眼前の事実なのだ。「核兵器」「原子力発電」はどちらもアメリカ生まれのアメリカ育ち、メイド・イン・アメリカ。純粋アメリカン。そう言ってもいい（自国で起きていない唯一の例外は広島と長崎の破壊と殺戮である。そうした歴史認識や記述は別の大きな問題なのでここでは深入りしない）。

アメリカの旅を終えて、福島にまた行ってみた。春だった。放射能汚染で無人になった山野を歩いた。荒れた田んぼの脇で野桜やスイセンが咲く風景をぼんやり眺めた。線量計を取り出すと、画面が真っ赤になって「危険」というサインが出た。数字は毎時五マイクロシーベルトを示した。間違いなく、アメリカ生まれの「核」がそこにいた。

だが、ニューメキシコやアイダホの風景と、全然つながらない。「ひとつながりの歴史」という感覚がまったくしないのだ。どこかに、どうしようもなく大きな「断絶」「切断」があるのだ。

日本は「核兵器」と「原子力発電」という双子の兄弟のうち、原発だけを「養子」として連れてきた。それも「アメリカ人がつくった外来技術」を完成品として買ってきた。「技術をゼロからつくり上げる」プロセスを飛ばして。

中高生くらいに成長したアメリカ人の子供を連れてきて、日本人家族の養子として入籍するようなものだ。幼児のオムツを取り替え、夜泣きをあやすような労苦を日本は経験していない。

そして核兵器をタブーの領域に押し込めた。双子の兄を「いないこと」にしてしまった。原発と核兵器の「血のつながり」を論ずることはタブーになった。そのタブー度はまるで

「穢れ」「物忌」のような強い拒絶感を伴っていた。理由は主に三つあると思う。

(1)「原発は核の平和利用」という公式見解と整合性をもたせるため。

(2)憲法九条や非核三原則といった「非武装」「非核」の国是と整合性をもたせるため。

(3)自国が経験した核による非戦闘員の残虐な大量殺戮という忌まわしい記憶との連想を断ち切るため。

この「核兵器と原発の連続性のタブー」は日本という国に独特の現象であることを強調しておく。日本にとって原発の「出自」は禁忌の領域になった。

原子力発電がどうやって生まれたか、どうして日本に来たのかを突き詰めて調べると、核兵器や戦争、冷戦の領域に足を踏み入れざるをえない。「戦争」「兵器」「軍事」の領域に入らざるをえない。この本を読まれた方はもうおわかりと思う。

コンピューターやインターネットをはじめ、軍用として生まれ、民生用に転じた先端技術はさほど珍しくない。しかし、日本人はそれをずっとタブーとして避けるようになった。

これは原発についての認識や社会的議論に空白を生む遠因になった。私はそう考えている。

自分の手で基礎から核技術を生み出したアメリカに比べると、日本にとって核技術は「外国産」である。そして「完成品」として買ってきたにすぎない。だから、商用原発が完成する前、核技術を育てる過程で、どんな欠点や限界があったのかを直接体験では知らない。BWR原発をターンキー契約で買ってくるまで、SL—1事故や小規模なメルトダウン事故などでアメリカが原子炉の実用化に悪戦苦闘した経験を、日本は当事者として知らないままだった。雑駁な言い方をすると「上澄みだけ持ってきた」「いいところしか知らない」とも言える。

前述のように、核兵器という双子の兄弟の一方を知らない日本は、核技術のもうひとつの目的が「大量破壊」であることに目をつぶったまま来た。やがて「片目をつぶっている」ことも忘れて、それはブラインド・スポットのように思考から抜け落ちてしまった。原発も核兵器も、元々は「ひとつの都市を灰にしてしまう巨大なエネルギーを実用化した技術である」という事実とのつながりが切れてしまったのだ。そして日本人の原発への態度は傲慢になった。

ほんの四〇年余り前まで、日本のメーカーは独力で原発をつくる力がなかった。アメリ力人がやってきて、おんぶに抱っこでつくってくれたのが福島第一原発一号機だった。

伊原義徳や豊田正敏のように、日本に核技術を導入した第一世代の人材は、そうした日本の技術力の浅さをよく知っていた。ゼロから自分たちが勉強したのだから、自然なことだろう。だから限界をよくわきまえている。今の電力会社幹部や官僚たちよりはるかに安全について謙虚で、厳密である。「事故は起こり得る」「起こったら、危険な物質がばらまかれる」「だから安全にカネをケチってはいかん」。そう認識していた。

ところが、その世代が現役を退き、下の世代に引き継がれる前後（一九八〇年代中ごろ）から、様子がおかしくなる。核技術そのもの、自分たちの技術の限界について熟知した世代が退場していなくなった。「ただ仕事として原発や核技術を引き継いだ人」が増えていく。それは電力会社だけでなく、官僚や学界でも同じようなものだ。

テレビ・新聞・雑誌といったマスメディアもそれに便乗して「安全神話」を創り出した。原発関係者がそれを地元民や反対派の説得に利用した。代が替わるうちに、電力業界や政府官僚、学者までがその起源を忘れて「安全神話」を信じこむようになった。自分がつくったフィクションを現実だと思いこんだ。自分がついたウソに自分がだまされたのだ。

伊原の世代は情報公開をはじめとする核技術の民主主義的取り扱いに忠実だった。「濃縮ウランの搬入も全部報道陣に公開した」という言葉がそれを示している。

それは「原子力平和利用三原則」があったからだ。日本の原子力開発利用行政の基本的指針を定めた「原子力基本法」にはこう書かれている。「原子力の研究、開発及び利用は、平和の目的に限り、安全の確保を旨として、民主的な運営の下に、自主的にこれを行うものとし、その成果を公開し、進んで国際協力に資するものとする」。この「民主、自主、公開」の原則を「原子力三原則」と言う。

私の記者としての実感で言うと、福島第一原発事故が起きる前から、原発の現場はもちろん、日本の電力会社や原子力行政は極めて取材に対して閉鎖的かつ秘密主義的である。何だかんだと理由をつけては「できるだけ報道が入らないようにする」「できるだけ取材に応じない」「できるだけ情報を出さない」という態度だった。「最小限に公開、最大限に秘密」だった。それは私が朝日新聞社の社員記者だったころからの実感であり、フリーになってから、また原発事故が起きてからはなお一層ひどくなったように感じる。報道記者にすらこの態度なのだから、まして一般の市民が原発について知りたい、納得したいと願っても、かなわない。無害な展示物のある資料館に案内されるか、当たり障りのないパンフレットをくれるのが関の山である。原子力三原則など、とっくに彼らは忘れている。

伊原の世代は、第二次世界大戦を知っている。石油禁輸措置から日本がエネルギー供給で追い詰められ、石油資源を求めて東南アジアに軍事侵攻したことを知っている。だから伊原たちの世代のエネルギー政策にかかわる人には「日本のエネルギー自給率を上げることは、安全保障のために重要」という意識があった。つまり原発を導入し維持することに「エネルギー自給を通じて平和を支える」という使命感があった。そこには第二次世界大戦という失敗から学んだ「教訓」が生きていたように思う。

しかし、この「なぜエネルギー自給は平和のため重要なのか」「なぜ原発は必要なのか」という根底の部分が、世代が下るにつれどんどん曖昧になっていった。そのうちに当事者たちも出発点が何だったか忘れた。「エネルギー自給を維持すること」「原発を維持すること」が自己目的化していった。やがて理由付けのために「電力需要を賄うため」「経済的繁栄を維持するため」などと別のものにすり替えられた。日本の核コミュニティはそうした袋小路に自らはまり込んでしまった。

## 「事故は起こり得ない」という欺瞞

最後に、アメリカの核技術施設に足を運んで考えたこと、感じたことを列挙しておく。

(A)核技術はアメリカなどの広い国土で生まれ育った。

アイダホの月世界のような溶岩砂漠に立って地平線を三六〇度ぐるりと見回したとき、こう思った。

「こんなだだっ広い環境から生まれた技術を、日本のような人口密集国に持ってきたときに、そもそも何かを間違ったんじゃないか」

それは特に何か根拠のある考察というよりは、体が感じた感覚のようなものだ。

どんな技術にも、それが生まれた国の環境が反映されていると思う。

まっすぐなフリーウエイを高速走行することを前提に設計され、小さなカーブは曲がるのもしんどいアメリカ車を、日本のごみごみした街中に持ってきて、重いハンドルにヒイヒイ言いながら運転する。そんな感覚だ。

アイダホ国立研究所は東京都や大阪府より広い。そんな広い無人の国土を使って、あらゆるタイプの原子炉が現実につくられ、実験された。周囲に人が住んでいないから、暴走実験も思う存分繰り返した。そうした実験値の集積がアメリカの核技術にはある。

戦後アメリカに対抗したもうひとつの核技術国はソ連だ。言うまでもなくソ連も莫大な国土と人口希薄地帯を抱えている。中国もそうだ。イギリスやフランスは海外に植民地を持っていた。核保有国は広い国土と人口希薄地帯を持っている。

日本にはそうした人口希薄地帯がほとんどない。だから「原発で事故が起きても、敷地から放射能が漏れることはない」というフィクションをつくった。

アイダホ実験場で一九六一年に原子炉SL—1がメルトダウン事故を起こしたとき、外部に漏れた放射性物質が風に乗って広がった。が、敷地が広いので外部の集落にはほとんど届かなかった。メルトダウン事故を起こして放射性物質が漏れたとき、どれくらいの距離や範囲が放射性物質で汚染されるか、アメリカはこの実際の経験で学んだ。その計測データは公開されている。

日本はそうした部分を知らないまま福島第一原発事故を迎えた。そして為す術もなかった。

(B)アメリカは核技術の最悪の姿を知っている。

ニューメキシコのトリニティ実験場の砂漠に立ったとき、高熱の火球の中に吹き上げられ、ガラス化したグリーンの石が六七年経ってもあちこちに散らばっているのを見た。自分が靴の下で踏みしめている大地を、実際に核爆発の火球が焼いたという事実がじりじりと伝わってきた。靴の下の大地が熱いような気すらした。ここで吹き上がったモンスターのような黒と赤の炎の映像が頭の中でうずを巻いた。いま自分の上でその火球が炸裂したら、自分はどうなるのだ。背筋が寒くなった。

ホテルで目覚めて朝食をとり、パーキングから車を運転して三時間でそこに着いた。普通の人たちが平穏に暮らす街と、地続きのアメリカだった。

地元の人には閃光や火球を目撃した人も多い。自国の領土で核爆弾を爆発させたことがある、という事実だけで、実は大変なことだ（ニューメキシコだけではなくネバダ州でも核実験は繰り返し行われた）。「核エネルギーが最悪の形を取るとどうなるか」を自国民が「自分たちの日常生活空間の延長」として知っているのだ。

もちろん日本人はそれを広島と長崎で経験した。しかしその経験は「戦争」「戦時」という「非日常」としてきれいに日常から分離され、整理されてしまっている。一九四五年八月十五日に戦争が終わったあとの「平時」とは切断されている。自分たちの日常とは連続性のない「非日常的な出来事」として理解されているのだ。だから「戦争」を遠ざければ「核」も無縁で暮らせると思った。

さらに言えば「原爆」という「核技術の最悪の形」を日本社会は戦後ずっと「被害」という形で理解してきた。自分たちは「被害者」で「加害者」は「自分たちでない誰か」（誰かは曖昧にされた）として処理された。

だから「戦争」でもない「平時」の二〇一一年三月十一日に福島第一原発事故が起こり、自分たちが核の「加害者」になった事実を、日本社会は受け入れられない。現実を否認しようとしている。が、原爆事故＝核災害という現実を否定できるはずがない。だから、たたおろおろと狼狽している。曖昧に、うやむやに済ませることができればとうつむいている。

もうひとつの「核技術最悪の姿」は原子炉の暴走事故だ。日本人は三・一一までそれも知らずに過ごしてきた。

アメリカは何度も経験している。商業原発では一九七九年のスリーマイル島原発事故だが、それ以前にアイダホで原子炉「SL―1」の暴走事故が起きた。そこでは三人が死んでいる。原子炉の暴走で死者が出る事故は、チェルノブイリ原発事故より二五年も前に起きていたのだ。

アイダホでSL―1原子炉の跡地を訪ねてみると、そこはまだ高濃度の放射能汚染で立ち入りが禁止されていた。五一年経っても、近寄ることすらできなかった。

そこでは何が起きたのか。高濃度の放射能で汚染された死体は病院に運び入れることすらできなかった。搬送した救急車まで危険な高線量の放射能で近寄れなくなった。遺体は鉛でシールドした棺におさめて分厚いコンクリートの下に埋葬された。汚染水で水びたしになった原子炉付近には、重装備の防護服を着てもストップウオッチで数十秒ずつしか近寄れなかった。日本人が福島第一原発事故が起きるまで知らなかった「どうしたら原子炉は暴走するのか」「暴走したらどうなるか」「放射能が外部に漏れたらどうなるか」を、アメリカは一九六一年に経験し、知識として蓄積していた。

こうした核技術開発の歴史、特に核事故の歴史を知るにつけ、日本の原子力関係者が福島第一原発事故前は「事故はあり得ない」「あれは原発の形が違う」と傲然と言い放っていたのが滑稽に思えてきた。五〇年前から原子炉事故など起き続けているのだ。アメリカはとっくに知っていた。そして「起こさないためにはどうするか」という予防的な技術の蓄積をしていた。

その歴史を知った今、私には「原子炉事故はあり得ない」などと言っていた日本の原子力専門家の発言は、タチの悪いジョークでしかない。善意に解釈して「技術史に無知」、悪ければ「知っていてウソをついた」かのどちらかだろう。彼らは一体何を学んで「専門家」と言っていたのだろう。

「原発事故などあり得ない」と妄言に酔っているうちに予防的な知識を習得することを怠った。そして福島第一原発で事故が起きて、罪のない人々が犠牲になった。


あくまで私の感じた範囲だが「核兵器」「原子炉事故」という「核技術最悪の形」を両方経験して知っているアメリカの核技術専門家は、案外「冷静」というか「現実的」で「冷めた目」を持っている。「原発事故は impossible だと日本の専門家は言っていた」というと「そんなもの possible（起こり得る）に決まっているじゃないか」と笑って言う。日本の専門家たちの傲岸不遜な態度を知る私には「謙虚」とすら思えた（というより日本の『安全神話』が合理主義科学の思考から逸脱した迷信なのだが）。

「原発事故が起きるとすれば一〇〇万分の一くらいの確率。隕石が落ちてくるくらいの可能性」というレトリックが、かつて日本の裁判の法廷で使われた。しかし、それも一九七九年のスリーマイル島事故で終わった。日本では二〇一一年まで平然と言い続けられていた言葉である。

(C)情報公開が核技術にも浸透している。

ＳＬ―1事故のあと、アメリカは爆発した原子炉を復元して検証し「ワンロッド・クリティカル禁止ルール」をつくった。「制御棒を一本引き抜いただけで臨界状態が起きて暴走するような原子炉の設計をしないこと」という意味である。そして原子炉の暴走実験を一〇年にわたって繰り返した。

それまで軽水炉には「自己制御性がある」と言われていた。構造上、暴走事故は起きない原理なのだと言われていた。しかし、制御棒を急激に引き抜くとやはり事故は起きる。それが事故でわかった。それを実験で突き詰めていった。

つまり事故を起こした原因を究明して、それが再発しないように改善した。そのルールをまた公開した。失敗の教訓を広く社会がシェアできるようにした。

そのときにアメリカ原子力委員会が制作した約四〇分の事故原因究明の映画をYouTubeで見ることができる（https://www.youtube.com/watch?v=Q0zT9ARfsT4）。単なる事故の記録映像ではない。司会役を立てた「原子力素人でも理解できるような解説番組」だ。一九六一年の段階で、そんな映画までつくっていたということ自体に驚かずにいられない。

こうした伝統はずっと生きている。一九七九年のスリーマイル島原発事故の原因を調査した「ケメニー委員会報告書」は福島第一原発事故調査のときもお手本のように言及された。報告書は今もアマゾンで買うことができる。私も一冊買って読んだ。ネットで無料でダウンロードすることもできる。

アメリカも失敗はする。だが、失敗したあとの原因究明と情報公開でリカバーしてしまう。情報を公開することで、国外も含め、広く集合知を募れるからだ。日本のように政府や業界、学界の閉鎖的な専門家ムラだけで解決しようとしない。根本的に「情報は本来誰のものか」という立ち位置が違うのだ。

そこには「もともと原子力は市民の幸福を実現するためにある」「原子力に関する情報

も本来は市民のものである」「知られると市民に害のある情報（軍事機密など）だけをミニマムな例外として、原則すべてを公開していく」「失敗があれば公開して、広く集合知を募る」という「情報公開」の実践がうかがえる。それはその国の民主主義の成熟度と深くかかわっていて、「核技術」「情報公開」だけの問題と考えては理解できない。

日米の核技術に関する情報公開の落差を論じると、それは必然的に両国の民主主義の成熟度の差に言及せざるを得ない。「核技術」という「破綻したときには市民に多大な損害を与える」技術にまつわる情報公開の度合いは、その国の民主主義の成熟度を測るバロメーターになる。日本は原発事故が起きて、市民に多大な損害を与えたのに、その市民に情報は公開されない。これは民主主義社会として異常だ。

福島第一原発事故が起きたとき、私は愕然とした。危険なことが起きているのがわかるのに、自分の生命や財産を守るための具体的な情報がまったく公開されなかったからだ。国民の生命や財産を守る情報すら出さない政府が民主主義とはとても思えない。報道もまったく無力だった。彼らが腐敗して無能だとは思っていたが、ここまでひどいとは思わなかった。

日本人が福島第一原発事故で学んだ教訓のひとつは、日本にそうした「核技術にまつわる情報公開の文化が官僚、学者、政治家、報道すべてを通して極めて乏しい」あるいは「その発想すらない」ことだった。他のことならいざしらず、事故を起こせば多数の国民の生命や財産に危害が及ぶかもしれない原発の情報が公開されないのだ。これは日本が民主主義社会として危険なレベルに堕していることに他ならない。

少なくとも、情報公開が進んだ国のほうが、原発事故のような失敗を犯しても「復元力」がある。失敗を公開し、集合知を募るうちに「失敗を繰り返さないためにはどうするか」という「知恵」をつけるからだ。それは失敗を財産に変えてしまう力とも言えるだろう。日本はここでも失敗している。

本書は二〇一一年の福島第一原発事故直後から取材を始めた。アメリカを取材に訪れたのは同年十月から十一月である。本文中の登場人物はすべて敬称を省略し、年齢や肩書は取材当時のものだ。ご海容いただきたい。取材に協力してくれたすべてのみなさんに、この場を借りて御礼申し上げます。

（二〇一三年五月）

新版へのあとがき

# オッペンハイマーの悲劇からALPS水海洋排出へ

本書を読了された方はすでにお分かりと思うが「核エネルギーの解放」は自然には発生しない。人間が無理やり作り出した人工の産物である。

①自然に微量存在するウラン235を濃縮する。

②ウラン235の原子核に中性子をぶつけて核分裂を起こす。

③その核分裂が連鎖反応（臨界）を起こすよう厳密に配列する。

この難題をすべてクリアしなければ、莫大な核エネルギーを取り出すことはできない。核兵器であれ原子力発電であれ、その原理は共通である。

それを世界で初めてやってのけたのが、僻地ニューメキシコの山中にこもって研究と実験を重ねたロバート・オッペンハイマー率いる二〇〇人近い科学者チームだった。

奇妙なことに、一九四五年七月二十四日、砂漠の真ん中「トリニティ実験場」での実験が成功するまで、オッペンハイマー自身は、辛苦を重ねて組み上げた実験用原子爆弾「ガジェット」の威力を過小評価していた。

本番直前の「爆縮」のための火薬実験は失敗だった。オッペンハイマーは同僚との賭けで「実験は不発」に一〇ドルかけた。のちに「水爆の父」となる同僚エドワード・テラーは、ガジェットの威力を「TNT火薬四万五千トン」と予測した。オッペンハイマーは「せいぜい三〇〇〇トン」と見ていた。

「どうせこんな爆弾はゴミだよ。軍事的には重要性を持たない。まあ、でっかい爆発はするだろうけどね。戦争で使えるような兵器じゃないよ」

実験前、原爆の日本に対する使用に反対する同僚には、そんな軽口を叩いた。運搬にすら苦労する「ガジェット」が兵器として実用性があるとはオッペンハイマーには考えられなかった。

しかし実験が成功し、地獄の業火のような巨大な火の玉が真夜中の砂漠に立ち上がるのを眼前にして、オッペンハイマーの態度は一変した。

「俺たちはもう、全員外道畜生になっちまった（Now we're all sons of bitches）」

爆心地から九キロの地点にある観察用の塹壕で火の玉を見ながら、彼はそうつぶやいた。

おしゃべりで有名だった彼が黙りこくり、考え込むことが多くなった。「あの人たち（日本人のこと）が可哀想だ」（Those poor little people）と独り言を言うようになった。

軍部はすでに、原爆の投下対象を「大きな軍需工場があり、周辺に工場労働者の住む家が密集している半径三マイル（約五キロ）以上の都市」と具体的にしぼり始めていた。ロスアラモスの同僚たちは、原爆の投下に反対する署名を集め、ホワイトハウスに嘆願書を書いた。使用反対一五〇に賛成三だった。せめて市街地に投下する前に、英米仏露中、そして日本の代表者を招いてデモ実験をして威力を見せるべきだ。そんな提案をした。しかし軍部は一切耳を貸さなかった。

オッペンハイマーはどっちつかずな態度を取り続けた。

「この巨大な破壊力の兵器があれば、戦争そのものを無くすことができるんじゃないか」。

彼はそう考えていた。

不運なことに、理論物理学では天才のオッペンハイマーも、軍事や政治には無知だった。彼は大日本帝国が降伏寸前であることを知らなかった。ましてソ連を仲介して降伏の交渉をしていることなど、知るよしもなかった（ワシントンは日本の外交電文を暗号解読して知っていた）。軍はたちまち「ガジェット」をB29爆撃機に積み込み可能な「リトルボーイ」「ファットマン」に改良した。

ルーズベルトの急死で、五月に就任したばかりのトルーマン大統領と軍は焦っていた。先立つ一九四五年二月のヤルタ会談で、ソ連は「ナチスドイツの降伏後、三ヶ月で対日参戦する」とルーズベルト大統領とチャーチル首相に秘密裏に約束していた。その期限は八月十五日だった。ソ連が参戦する前に日本を降伏させなければ、日本がソ連に占領されるかもしれない。東アジアがソ連の勢力圏になる。アメリカの中枢部はそう懸念していた。

時間はあと三週間しかない。

ロスアラモスの科学者たちが原爆使用に反対した理由も、ソ連にあった。ソ連も必ず核兵器を開発して追いついてくる。その先にあるのは際限のない核武装競争だ。それは最終的には米ソ両国の破滅を招く核戦争に至るに違いない。

しかし、いったん兵器として完成した「ガジェット（おもちゃ）」は、科学者たちの手から離れ、政治家と軍人の手中にあった。科学者たちには、もうどうすることもできなかった。

原子爆弾がヒロシマとナガサキに投下され、三一日目。日本はすでに降伏していた。

ロスアラモス研究所を代表して二人の科学者が現地を視察した。二人が戻ってその「戦果」を報告すると、研究所は沈痛な空気に包まれた。

報告を聞いた計算技師ジーン・バッカーは「愕然とした。家に戻って寝ようとしたが、眠れない。ショックで体が震えて一睡もできない」と書き残している（バッカーは後に核兵器削減の熱心な運動家になる）。

オッペンハイマーは疲れ果てていた。いつもむっつりと押し黙り、不機嫌だった。「自分は間違ったことをしてしまった」という悔悟に取り憑かれていた。

ワシントンに行き、政府や軍の高官に「毒ガス兵器のように核兵器を使用禁止にすべきだ」「ソ連に技術提供すべきだ」「国際管理に置くべきだ」と説いた。ハリー・トルーマン大統領にも手紙を書いた。しかし高官たちは「ソ連はそんなことに興味を持っていない」と冷たくあしらった。

原爆投下の成功で、オッペンハイマーはマスコミ有名人になった。アメリカ人なら知らない人はいないほど有名になった。

しかし彼自身は激しい鬱に沈み「おれは負け犬だ」と自嘲の言葉を漏らした。

「みなさんの偉業は、これから何年もの間、誇りを持って振り返られることでしょう」

一九四五年十月十六日、任務を終えロスアラモス研究所長を去る式典で、オッペンハイマーはこんなスピーチをしている。グローブス少将からの感謝状を受け取ったあとだ。

「しかし、その誇りとともに、私たちは深刻な懸念を持たねばなりません。戦争をしている国や、戦争の準備をしている国の手に原子爆弾が渡るなら、きっと人類がロスアラモスとヒロシマの名前を呪う日が来るでしょう」

「団結しなければ、人類は滅亡してしまう。今回の戦争があまりに破滅的だったので、人々はその事実を知ったはずです。原子爆弾はその『破滅』とは何なのか、すべての人々に解き明かしてみせたと思います。私たちは、この共通の危機に立ち向かうため、法と人道のもとに世界が団結するよう、息長く努力を続けねばなりません」

二日後の十月十八日、オッペンハイマーはワシントンに飛び、ルーズベルト政権の副大統領で、トゥルーマン政権の商務長官ヘンリー・ウォレスに会った。

「あれほど極度の緊張状態の人物には会ったことがない。彼は人類の破滅が差し迫っていると考えている」

ウォレスはそう日記に書いている。

オッペンハイマーはウォレスに懇々と説いた。

「新しい国務長官（ジェームズ・バーンズ）は、原爆のことを外交上使えるピストルぐらいにしか考えていない。そんな話はありえない。ロシア人は誇り高い人々です。優秀な物理学者はじめ資源はたっぷりある。生活レベルを下げてでも、大量の原爆を速やかに作るためには何でもするでしょう。ポツダム会談での過ちが、結果的に千万、いや何億人という無辜の人々の殺戮へと道を開いたのです」

オッペンハイマーはトルーマン大統領との面会をウォレスに頼み込んだ。ウォレスの仲介は成功し、オッペンハイマーは九日後の一九四五年十月二十五日、ホワイトハウス執務室にハリー・トルーマン大統領を訪ねた。

しかし会話は最初から噛み合わなかった。トルーマンは原子力を陸軍の管理下に置く法案が議会を通るようオッペンハイマーに助力を依頼した。

長い沈黙のあと、オッペンハイマーは口を開いた。

「国内問題より、国際問題を明確にすることが最善でしょう」

トルーマンは尋ねた。

「ロシア人は原爆を作ると思うかね」

「わかりません」とオッペンハイマー。

「答えはわかっている。絶対にできないね」

トルーマンは自信たっぷりに言い放った。

その一言で、オッペンハイマーは、トルーマンが何も理解していないことを悟った。

ニューディール政策から第二次世界対戦の指導まで、一二年間大統領職にあったルーズベルトは一九四五年四月十二日に脳出血で急死していた。ナチスドイツ降伏の三週間前である。

急遽アメリカ大統領になったトルーマンは、連邦政府職経験は副大統領在任のわずか三ヶ月。経験不足と自信のなさを周囲に悟られないよう、何でも自信満々に即断する演技をする癖があった。

「この男に何を言ってもダメだ」と、オッペンハイマーは心が折れてしまったようだ。

「大統領閣下」

ただでさえ鬱状態なのに加えて、最後の希望だった大統領に失望したためか、ここでオッペンハイマーは重大な失言をしてしまう。

「私は自分の手が血で汚れているのを感じます」

この後のトルーマンの言葉には諸説ある。が大統領が激怒したことだけは確かだ。

「手が血で汚れとるだと！　馬鹿者め。わしの半分も手を汚していないくせに！　いつまでもグチグチ言って回るのはいい加減にしろ！」

会談後、大統領がそうつぶやいたことが記録されている。

よほど腹がたったのだろう。「あの馬鹿野郎を二度と執務室に入れるな」と国務長官に命じた。半年経ってもオッペンハイマーのことを「あの泣き虫科学者」とこき下ろしている。

トルーマンは都会的な知識人のオッペンハイマーとは正反対の人物だった。

農業州のミズーリ州出身。大学を出ていない最後のアメリカ大統領である。高校を出たあと、銀行で事務員をしていたが、辞めて父親の農業を手伝う。第一次世界大戦で陸軍に入る。そのあと故郷の郡行政官を務めた。日本なら町村長である。そこから上院議員を二期。第二次世界大戦中の軍事予算の一五〇億ドル近い不正使用を上院委員会で調査して有名になり、ルーズベルト政権四期目の副大統領に抜擢された。

ルーズベルトの急死で一九四五年四月末に大統領に昇格するまで、マンハッタン計画のことも、ソ連対日参戦を決めたヤルタ秘密協定も、何も知らされていなかった。

「単純な男。何でも即断即決しすぎる」「絵に描いたようなアメリカ人」「傑出したところが何もない。凡庸」「リンカーンのような威厳や思慮に欠ける」「直感に従う人情派」

閣僚の一人がトルーマンについてそう書き残している。

いったん日本への原爆投下を決定すると、スティムソン陸軍長官ら閣僚が猛反対しても頑として変えなかった。ところが後年の歴史研究で、トルーマンが「ヒロシマ」は軍事都市で、一般市民は住んでいないと勘違いしていたことが分かっている。スティムソンがかろうじて成功したのは、京都市を原爆投下の対象から外すことだけだった（スティムソンは戦前、新婚旅行を含めて二回京都を訪ねている）。

当時、軍高官で日本への原爆使用に公然と反対したのは、ヨーロッパ戦域の連合国遠征軍最高司令官としてナチスドイツへの勝利を指導したドワイト・アイゼンハウアー陸軍元帥だった。トルーマンの後の大統領である。

一九四五年七月十七日から始まったポツダム会談で原子爆弾の存在を知らされたアイゼンハウアーは言っている。

「もう日本は降伏する用意をしている。そんな恐ろしい兵器で彼らを攻撃する必要はない」

一方、オッペンハイマーの「悪夢」は次々に現実になっていった。大日本帝国の降伏によって第二次世界大戦が終わると、戦勝国のソ連と米英仏は対立関係に入った。

一九四八年六月〜一九四九年五月　英米仏ソ連が共同で占領管理していたドイツの首都ベルリンをソ連が封鎖。

一九四八年八月～九月　朝鮮半島が南北に分裂。
一九四九年五～十月　ドイツが東西に分裂。
一九四九年八月二十九日　ソ連が原爆の核実験に成功。
一九四九年十月一日　中華人民共和国成立。
一九五〇年二月　「中ソ友好同盟相互援助条約」調印。
一九五〇年六月　朝鮮戦争勃発。
一九五〇年十月　中国軍参戦。
一九五一年三月　北緯三八度線付近で戦線が膠着。

国連軍司令官だったダグラス・マッカーサーは戦局挽回のため「満州の工業地帯に五〇発の原爆を投下して中国の生産力を壊滅させる」という作戦をトルーマン大統領に上申した。

もとからマッカーサーはトルーマンと対立関係にあった。下院議長にトルーマンを批判する手紙を送った。ホワイトハウスが停戦を模索していることを知ると、先回りして中国を挑発する声明を発表して妨害した。一九五一年四月十一日、トルーマンは「シビリアン・

コントロール違反」としてマッカーサーから国連軍・米軍すべての指揮権を剥奪した。

当時、中華人民共和国とソ連は、前述の「中ソ友好同盟相互援助条約」ですでに軍事同盟関係にあった。中国領土への核攻撃は、ソ連参戦の引き金を引き、最終的には米ソの核戦争に至る可能性が大きかった。

「ソ連に原爆開発は絶対にできない」とオッペンハイマーに断言してみせたトルーマンの予想はすでに外れていた。マッカーサーの「満州への原爆攻撃」作戦で、オッペンハイマーが予言した悪夢は現実の一歩手前に来た。それを食い止めたのが、核の国際管理を主張するオッペンハイマーを「泣き虫科学者」と罵ったトルーマンだったとは、歴史の皮肉というほかない。六年間の大統領経験で、さすがのトルーマンも学んだのかもしれない。オッペンハイマーが正しかったのだ、と。

一九五三年三月、スターリンが死去。同じ年の七月に朝鮮戦争は終わった（休戦）。先立つ一月、トルーマンはホワイトハウスを去っていた。朝鮮戦争の休戦を大統領として見ないままだった。

その後を引き継いで大統領の座に就いたのが、日本への原爆投下に反対したアイゼンハウアーだった。

そのアイゼンハウアーが大統領就任一一ヶ月後の一九五三年十二月に国際連合演説で打ち出したのが「Atoms for Peace」政策だったことは、本文中で述べた。

その「Atoms for Peace」でアメリカに留学し「核エネルギーを発電に使う」技術を日本に持ち帰った最初の二人のうちの一人が、本書に登場する伊原義徳さんである。

「Atoms for Peace」の趣旨を簡単に言うと、こうなる。

「第二次世界大戦の戦勝国（＝国連常任理事国）米英仏中ソ（ロシア）だけが核兵器を持てることにします。それ以外の国は核兵器を作らないでください」

「その代わり、これまでは軍事機密だった核エネルギーの取り出し方をシェアします。ただし、発電や医療など平和利用だけにしてください。兵器でなければ、大いに使っていただいて結構です」

「こっそり核兵器を作らないよう国際査察機関（国際原子力機関＝ＩＡＥＡ）を作って監視します」

お気づきだろうか。これはオッペンハイマーが一九四五年に必死で政府に訴えた「核エネルギーの国際管理」のアイディアそのものである。八年を経て、オッペンハイマーの構想は（部分的に、だが）実現したということになる。

米ソは熾烈な核兵器の開発競争を繰り広げていた。原爆の破壊力を百倍、千倍上回る水素爆弾が開発されていた。一九五二年十一月、アメリカが水爆実験に成功。翌年にはソ連も追いついた。「核戦争による人類滅亡」が現実味を帯びていたころだ。

オッペンハイマー本人は、一九四七年に東海岸の名門校プリンストン大学の高等研究所所長に移っていた。アルバート・アインシュタインが所属していた名門研究機関である。プリンストンは政治や俗世を離れた「象牙の塔」だった。しかしそこでもオッペンハイマーは「核兵器は人類にとって巨大な脅威であり、人類の自滅をもたらす」と休むことなく核軍縮を訴え続けた。ワシントンはそんなオッペンハイマーを疎んじて遠ざけた。彼がアメリカ政府の政策決定に関わることは次第に少なくなっていった。

一九五四年、オッペンハイマーは「赤狩り」（『国務省で働いている共産主義者のリストを持っている』というジョセフ・マッカーシー下院議員の怪情報によって政府・軍・ハリウッドの多数が攻撃・追放された事件。一九五〇年〜）の標的にされた。妻キティ、弟フランク、弟の妻、大学時代の恋人が全員アメリカ共産党員だった。オッペンハイマー自身は政治に無関心だったのに、共産党の集会に出た過去が暴露された。

もともとオッペンハイマーの核兵器への敵対的な姿勢を疎ましく感じていた政府・議会

は、この機に乗じて、彼の国家機密へのアクセス資格（Security Clearance）を剥奪した。事実上の公職追放だった。原子力委員会アドバイザーの籍も剥奪された。オッペンハイマーがアメリカの核エネルギー政策を動かす力は封じられた。それ以降のオッペンハイマーは「魂を破壊された人間」になった。

喉頭がんで死去する二年前の一九六五年、オッペンハイマーはヒロシマへの原爆投下二〇年に制作されたCBSの番組"The Decision to Drop the Bomb"に出ている。

その画像を見ると、抜け殻のような老人が、悲しげに座っている。

トリニティでの核爆発を見てどう思ったかと問われる。

「私たちにはわかっていた。もうこの世界は同じではありえないことが。何人かは笑い、何人かは泣いた。しかしほとんどの人はじっと黙っていた」

消え入りそうな声で、オッペンハイマーは言う。涙ぐむ目を拭いながら。

「私はヒンドゥーの叙情詩『バーガバッド・ギータ』の一節を思い浮かべた。『我は死そのもの。我は世界の破壊者になったのだ』。口に出しては言わなかったけれど、みんなそんな気持ちだったと思う」

マンハッタン・プロジェクトに参加するまで、オッペンハイマーは今で言うブラックホールや中性子星など宇宙物理学の先駆的な研究をしていた。もし戦争がなければ、彼は本来の専門分野でノーベル賞ぐらいは受賞していたかもしれない。

オッペンハイマーの死後、その遺灰は家族で過ごした別荘のあるカリブ海の小島セント・ジョン島の海に散かれた。正確に言うと散骨ではない。夫を嫌っていた妻キティが骨壷ごと海に投げ込んだ。

ロスアラモスでもプリンストンでも、オッペンハイマーは妻と二人の子どもに無関心ではなかったが、愛情に乏しかった。愛人を作り、キティと毎日のように怒鳴りあった。キティは育児とアルコールにのめりこんだ。何度も気絶するほど酒を飲んだ。そして子どもたちを完璧にコントロールしようとした。

そのキティは、夫が死んだ六年後、一九七二年に塞栓症で死んだ。

二人の子どものうち、聡明だった娘のトニはニューヨークに住み、国連の通訳になった。しかし父の公職追放に娘も巻き込まれ、解雇された。彼女は世間の目を避けてセント・ジョン島の別荘に引きこもるようになり、一九七七年に首をつって自殺した。

息子のピーターは大工になった。ロスアラモスに近いサンタフェにある家族の山荘に住んだ。二度結婚し、三子をもうけた。「原爆の父」の息子であることは生涯隠し通したままだった。

以下、私見を記す。

オッペンハイマーはじめロスアラモスの科学者たちの足跡をたどって感じるのは、彼らが一様に核エネルギーに対して「畏怖」の念を抱いていることだ。畏怖と言うより「恐怖」に近いと言うべきかもしれない。

なにしろ、人類がそれまでに経験したことのない凄まじいエネルギーがニューメキシコの砂漠で炸裂するのを自分の目で見たのだ。自然が隠し持っていたエネルギーの巨大さに比べて、人間の存在があまりにも小さいことを彼らは知る。人間をはるかに超える力の存在を知ったとき、人間はそれに「恐怖」を感じる。それは「畏怖」として心に定着する。そして「謙虚」にならずにはいられない。そんな心理作用が彼らに起きた。

オッペンハイマーも、トリニティ・サイトで核エネルギーの凄まじさを目撃するまでは、傲慢な学者だったことは本文に書いた。その彼が一変するのは「この地獄の業火を、人間が住む都市で炸裂させたら、どうなるのか」を瞬時に理解したからだ。そして、不幸にして、それは日本にある「広島」「長崎」という二都市で現実になった。軍人であるグローーブス少将や、政治家のトルーマンにはオッペンハイマーや他の科学者のような想像力はなかった。彼らは凡人だった。そんな人々に「核エネルギー」というモンスターが手渡されたことが、オッペンハイマーの苦悩をより深刻なものにした。

私が伊原義徳さんはじめ「日本の原発第一世代」の人々に直接会って驚いたのは、彼らが核エネルギーに対してやはり「畏敬」の念を持ち「謙虚」なことだった。

福島第一原発事故後、伊原さんは私に「ええ、事故なんてものは必ず起きるもんだと思ってました」とさらりと言った。私は驚愕した。

電力会社・政府はもちろん、国民ももはやすっかり忘れているようだが、日本には「民主・自主・公開」の「原子力三原則」が法律で定められている。一九五四年春の日本学術会議第十七回総会で決定され、翌年に成立した「原子力基本法」で明文化された。

⑴すべての事柄を公開で行うこと。
⑵日本の自主性を失わないようにすること。
⑶民主的に取り扱い、かつ民主的に運営すること。

「だから」

伊原さんは力を込めて言った。

「初めて実験炉に核燃料を運び込む時も、すべて記者発表し、マスコミに公開のもとでやりました」

福島第一原発の建設の当事者である東京電力の豊田正敏・元副社長は「安全にカネをケチるからこんな事故を起こすのだ」と当時の経営陣への怒りをあらわにした。

私は頭を抱えた。

現在の電力会社や政府、いや学者も含めて、日本の原子力ムラに「すべての事柄を公開で行う」「民主的に取り扱い、かつ民主的に運営する」などという姿勢はない。むしろ「原則秘密。仕方ない時だけ公開」主義だ。顔ぶれを見れば最初から結論がわかる「専門家委員会」に密室で議論させて政策を決める。それどころか、後述するようにディスインフォメーションでも公然と言う。

福島第一原発事故前からして、そうだった。「日本で原発事故などありえない」「チェルノブイリはソ連だから起きたのだ」というような、今だったらレイシズムと非難されるような傲慢な発言を、政府・官僚・電力会社はもちろん、科学的真実のみに忠実であるはずの学者たちですら、平然と公言して憚らなかった。

伊原さんも豊田さんも、組織の末端にいる無名人ではない。伊原さんは科学技術庁長官まで上り詰めた。豊田さんは東京電力の元副社長だ。「日本の原発第一世代」は核エネルギーに対して、現世代とは比較にならないくらい謙虚だったのだ。

いつの間に、どうして、日本の原子力発電にかかわる人々はかくも劣化してしまったのだろう。

福島第一原発事故から一二年後の二〇二三年八月、東電と日本政府は壊れた原子炉から出た「ＡＬＰＳ水」を海洋排水し始めた。

ここに至るまでに「汚染水タンクの置き場はもうない」「海洋排水以外に処理方法はない」「ＡＬＰＳ水にトリチウム以外の放射性物質はない」「政府基準を守っているから環境にも安全」「廃炉や復興に海洋排水は避けて通れない」「世界中の原発や核施設で同じことをやっている」などなど、政府や東電はディス（ミス）インフォメーションをこれでもかと流し続けた。あまりにウソがひどいので、それを摘示した『ＡＬＰＳ水・海洋排水の12のウソ』（三和書籍）という本を私は書いて出した。詳細はこの本を読んでほしい。

人類史上三回しか起きていない原発事故を起こし、人類史上最悪の海洋汚染を犯して、わずか一二年でこうなのだ。原発事故前の傲岸不遜な体質に、政府や電力会社は逆戻りしてしまった。

私がもっとも愕然としたのは、日本政府が設けた排水基準に、環境への長期的な影響がまったく考慮されていない事実だ。

たとえば、ＡＬＰＳ処理後の排水にも含まれているセシウム１３７の放射性廃棄物としての人間からの隔離期間は一万五〇〇〇年である。その期間は人間に有害な放射線を放つので、隔離して安置しなくてはならない。ところが、政府はそれだけの長期間で、海に放たれた放射性物質がどんな影響を環境に与えるのか、検討した形跡すらない。

海洋という、その生態メカニズムすら完全には解明されていない環境系に、一万五〇〇〇年間危険な物質を放出する。

ここには「核エネルギー」「核物質」（セシウムは自然界には存在しない。ウランの核分裂でしか生まれない）というものへの畏怖や謙虚さが微塵も感じられない。自然に対する謙虚さがないのだ。

原発事故前もそうだった。もし原子炉の密閉性が破れ、周辺の住民の上に放射性物質が降り注いだら一体どうなるのか。「核」への畏怖や謙虚さがないから、政府や電力会社、学者たちには想像することができなかった。だから津波が来ると分かっていたのに、対策にかけるカネをケチった。そして一〇万人近い人々が「我が家」を追い出され「ふるさと」を破壊された。

これは「戦火のない戦争」と呼ぶべき被害である。その有様を一三年間追い続けている私は、そう考える。

伊原さんも豊田さんも、十代半ばで大日本帝国がみじめに負け、一般市民が殺戮され、国が破滅する現実を目撃した。日立、東芝といった日本企業の力では原子炉すら作れず（福島第一原発の一、三号機はアメリカのＧＥ製）、いや、それどころか核燃料すらアメリカから借りてきた時代を当事者として経験している。「我々の実力はしょせんこんなものなのだ」という謙虚さが、その姿勢の基本にある。

その伊原さんや豊田さんの「原発第一世代」が定年退職して現役を去るのは、一九八〇年代半ばである。そう。バブル景気の絶頂期。いま我々が「自信過剰の時代」と自嘲する時代である。

その後の世代は「アメリカの軍事技術の民間転用をそのまま借りてきただけなのが日本

の原発」という事実を知らない。原発と核兵器が双子の兄弟である事実すら否定している。ロスアラモスの科学者たち（とその後継者たち）のように「核エネルギーは本来、凶暴なモンスターである」という事実など、もちろん知らない。

日本は核兵器実験をしたことがないのだから、日本の原子力関係者もマスコミも、核エネルギーのモンスターぶりを知らない。ただ本で読んで「勉強」しただけである。良くて、そのモンスターが設計通りに制御された「原発」しか知らない。だから、原発も工業プラントの一種ぐらいにしか思っていない。だから「そのモンスターの制御に失敗したらどうなるのか」という想像力など持ち合わせていなかった。だから、福島第一原発でそのモンスターの制御が外れた時、どうしていいのか、誰にもわからなかったのだ。

そのモンスターの凶暴さを福島第一原発事故で見たはずなのに、二〇二二年十二月、経産省の有識者会議は、そのモンスターを閉じ込めている原子炉を「本来四〇年だが、六〇年を超えて運転できる」と決めてしまった（福島第一原発事故で新規の原発が事実上立地不可能になったため）。これなどは「その檻の中にいるモンスターの凶暴性」をけろりと忘れてしまった例だ。

私たちは、二重、三重の意味で謙虚さを欠いている。いや、それでは言葉が足りない。

自信過剰、傲慢そのものなのだ。

日本政府や電力会社、学者、マスコミだけではない。日本大衆は、このモンスターが福島第一原発で檻を破って出てきた時の恐ろしさに無知なままだ。知ろうとしない。あるいは必死で現実を否認し、目をつぶっている。現実を矮小化しようとしている。万年単位で人類の未来に影響を残す人類史的な大失敗を、芸能事務所のスキャンダル程度の「ニュース」「話題」としてしか認識していない（私はこれを『情報の日替わり定食』と呼んでいる）。この、慢性病的な傲慢さ。核エネルギーのみならず、自然全般への畏怖や謙虚さの欠如。福島第一原発事故を起点にした我々の未来に、私が暗い予感しか持てないのは、この現代日本人の傲慢さゆえである。

＊この章でオッペンハイマー、トルーマンなどアメリカ側に関する部分は 'American Prometheus: the Triumph and Tragedy of J. Robert Oppenheimer' Kai Bird and Martin J. Sherwin, Vintage Books, 2006 に依拠している。訳出は烏賀陽が行った。

| | | |
|---|---|---|
| | 4 | [日] 中曽根康弘によって日本の国会に始めて原子力予算が上程され、予算案可決。「原子炉築造のための基礎研究費及び調査費」が認められた |
| | | エンリコ・フェルミ死去（1901年9月29日生まれ） |
| 1955 | 1 | ノーチラス号が処女航海に出航 |
| | | アルゴンヌに米国原子力委員会が国際原子力科学技術学校を開設。第1期生授業始まる（第1期生は1955年10月に卒業） |
| | 8 | アメリカ政府主催の「原子力平和利用国際会議」がジュネーブで開かれる |
| | | EBR-1（アイダホ国立研究所）で史上初のメルトダウン事故が発生 |
| | 12 | [日] 専用容器に入れた「六フッ化ウラン」が陸揚げされた |
| 1956 | | [日]「原子力基本法」施行 |
| | 1 | [日] 正力松太郎、原子力委員会の初代委員長に就任。1月4日、日本に原子力発電所を５年後に建設する構想を発表 |
| | 5 | [日] 正力松太郎、初代科学技術庁長官に就任 |
| | 6 | [日] 日本原子力研究所（JAERI）設立 |
| 1957 | | [日] 電力9社が原子力発電計画を決定 |
| | 7 | 国際原子力機関（IAEA）創立（本部はオーストリア・ウィーン） |
| | | [日] 日本最初の原子炉JRR-1が臨界に達する |
| | | ソ連が人工衛星スプートニク号の打ち上げに成功 |
| 1958 | | ノーチラス号が潜水艦史上初めて北極点に到達 |
| 1960 | | 日米新安全保障条約調印 |
| 1961 | | 原子炉SL-1（アイダホ国立研究所）が臨界状態になって爆発（死者3名） |
| | 2 | [日]「原子力開発利用長期計画」を公表し、原子力発電について1961 ～ 70年の10年間に100万kwを建設するという現実的目標を打ち出す |
| | | [日] 福島県双葉町議会にて原子力発電所誘致を議決 |
| 1963 | | [日] 東京電力が電力長期計画（1966年福島第一号原子力発電所着工、1970年運転開始）を発表 |
| 1964 | | [日] 東京電力が大熊町に福島調査所を設置（65年福島原子力建設準備事務所、67年福島原子力建設所となる） |
| 1966 | | [日] 東京電力が福島第一原発1号機にGE社のBWRを採用することを決定 |
| | | [日] 東京電力、福島第一原発1号機の原子炉設置許可を取得 |
| 1967 | 1 | [日] 福島第一原発の建設開始 |
| | | ロバート・オッペンハイマー死去（1904年4月22日生まれ） |
| | | [日] 福島第一原発1号機着工 |
| 1970 | | [日] 福島第一原発1号機に装荷する燃料がGE社ウィルミントン工場より搬入 |
| 1971 | | [日] 福島第一原発1号機の営業運転開始 |
| 1979 | | スリーマイル島原発でメルトダウン事故発生 |
| 1986 | | チェルノブイリ原発事故発生（レベル7） |
| | | ハイマン・リコーバー死去（1900年生まれ） |
| 1989 | | ベルリンの壁が崩壊 |
| | | ブッシュ、ゴルバチョフの米ソ首脳によって行われたマルタ会談で東西冷戦が終結 |
| 1999 | | [日] 東海村JCOで臨界事故発生（レベル4。国内初の事故被曝による死亡者を出した） |
| 2011 | | [日] 東北地方太平洋沖地震によって東京電力・福島第一原子力発電所で発生した炉心溶融など一連の放射性物質の放出を伴った原子力事故が発生 |

# 年　表

| | | |
|---|---|---|
| 1938 | 12 | ドイツでオットー・ハーンとフリッツ・シュトラスマンがウランに中性子をぶつけてバリウムをつくる実験に成功したことを発表。リーゼ・マイトナーとオットー・フリッシュがこれを核分裂と確認。兵器としての力に気づく |
| 1939 | | ドイツがポーランドに侵攻。第二次世界大戦はじまる |
| | 10 | ルーズベルトがウラン諮問委員会を設置 |
| 1940 | | 米ウラン諮問委員会が新設された国防研究委員会の傘下に入る |
| 1941 | 7 | イギリスMAUDが1943年までにドイツが核兵器を実験すると予測 |
| | 10 | 米合衆国防衛研究委員会（NDRC）に英MAUDリポートが伝わる |
| | | 真珠湾攻撃。アメリカ第二次大戦に参戦 |
| 1942 | 5 | 米マンハッタン計画が始まる |
| | 9 | グローブス大佐がマンハッタン計画の指揮官に就任 |
| | | 米シカゴ大学構内に世界最初の原子炉CP-1（Chicago Pile 1）建造開始 |
| | | 世界初の原子炉CP-1が臨界に達する |
| 1943 | | 米オークリッジでY-12（ウラン電磁分離）工場の建設はじまる |
| | | 米ロスアラモス国立研究所が公式開設 |
| 1944 | | 米オークリッジ国立研究所でウラン235の大規模な濃縮に成功 |
| | 5 | 濃縮ウランを燃料とする初めての原子炉「LOPO」（ロスアラモス）が初臨界 |
| 1945 | | 米、対日原爆使用を決定 |
| | | シカゴの科学者グループが原爆使用に反対する意見書を大統領に提出 |
| | | 5:29:45AMトリニティ実験場で核実験成功 |
| | | 広島へ原子爆弾投下／8．9長崎に原子爆弾投下 |
| | | 日本降伏 |
| 1946 | | 米アルゴンヌ国立研究所が開設 |
| | | ソ連最初の原子炉F-1天然ウラン初臨界 |
| 1947 | | マンハッタン計画が米陸軍からAEC(Atomic Energy Commission)に移管、政府管理へ |
| 1948 | | 原子炉X-10（オークリッジ）が発電に成功 |
| 1949 | 3 | アイダホ国立研究所が、国立原子炉試験場（NRTS）として策定される。オークリッジが秘密都市から公開都市へ |
| | | ソ連が原爆実験に成功 |
| 1950 | | 米上院軍事委員会、原子力潜水艦の建造を承認 |
| | | 朝鮮戦争始まる |
| 1951 | | 実験増殖炉EBR-1（アイダホ国立研究所）が臨界を達成 |
| | | 日米講和条約調印 |
| | | アイダホ国立研究所にある原子炉「EBR-1」が原子力発電実験に成功 |
| 1952 | | 日米講和条約発効（日本国との平和条約） |
| | | 原子力潜水艦ノーチラス、コネチカット州グロートンのドックで着工 |
| 1953 | | 朝鮮戦争休戦 |
| | | アイゼンハワー大統領が「核の平和利用（Atoms for Peace）」を国連で演説 |
| 1954 | | 原子力潜水艦ノーチラス、コネチカット州のエレクトリック・ボート社で進水式 |
| | 2 | ［日］改進党・齋藤憲三を中心に、超党派で原子力予算案を作成（伊原義徳が通産省で担当） |
| | 3 | 第五福竜丸事件。アメリカのビキニ環礁での核実験で被曝した日本人漁師が死亡 |

Michele Stenehjem Gerber（Author）, John M. Findlay（Introduction）,Bison Books
『原子炉の暴走―臨界事故で何が起きたか』石川迪夫 日刊工業新聞社（2008/3）

〈リコーバーと原子力潜水艦〉
The Rickover Effect: How One Man Made A Difference [Paperback]
Theodore Rockwell,iUniverse（2002/10/28）
Rickover: Father of the Nuclear Navy（Potomac's Military Profiles）[Paperback]
Thomas B. Allen, Norman Polmar, Potomac Books Inc.（2007/4/10）
Rickover: The Struggle for Excellence [Paperback]
Francis Duncan, Naval Institute Press（2012/6/15）
Power Shift: The Transition to Nuclear Power in the U.S. Submarine Force As Told by Those Who Did It [Paperback]
Dan Gillcrist, iUniverse,（2006/3/9）

〈福島第一原子力発電所立地から運転開始当時の歴史〉
『原子力発電の歴史と展望』豊田正敏・東京図書出版会（2010/2/9）
『原発の現場―東電福島第一原発とその周辺』
朝日新聞いわき支局編・朝日ソノラマ（1980/7）

〈日本に核技術移転が始まったころの歴史〉
『原発・正力・CIA―機密文書で読む昭和裏面史』
有馬哲夫・新潮新書（2008/2）
『巨怪伝　正力松太郎と影武者たちの一世紀』上・下
佐野眞一・文春文庫（2000/5）
『安全から安心への原子力―事実を知り動燃の失敗に学ぼう』
伊原義徳・日本電気協会新聞部（1998/3）
『初の原子力留学と原子力開発の流れ』（伊原義徳・1992年1月16日の講演録）

〈日本の核技術史〉
『新版 原子力の社会史　その日本的展開』
吉岡斉・朝日選書, 朝日新聞出版（2011/10/7）

〈3・11当時の動き〉
『検証 福島原発事故 官邸の一〇〇時間』
木村英昭、岩波書店（2012/8/8）
『原発危機 官邸からの証言』
福山哲郎・ちくま新書（2012/8/8）
『東電福島原発事故 総理大臣として考えたこと』
菅直人・幻冬舎新書（2012/10/26）
『海江田ノート　原発との闘争176日の記録』
海江田万里・講談社（2012/11/2）
『証言 班目春樹 原子力安全委員会は何を間違えたのか?』
班目春樹（語り手）・岡本孝司（聞き手）・新潮社（2012/11/16）
『福島原発の真実　最高幹部の独白』
今西憲之と 週刊朝日取材班・朝日新聞出版（2012/3/26）

# 参考文献


〈全編を通じた核技術史全般を理解するための文献〉
＊ "Building the bombs: A history of the nuclear weapons complex"
Charles R. Loeber, University of Michigan Library（2005/1/1）
＊ "Nuclear Technology"
Books LLC（2011/6/25）
＊ "Nuclear Firsts: Milestones on the Road to Nuclear Power Development"
Gail H. Marcus, American Nuclear Society（2010）

〈放射線防護学〉
＊ An Introduction to Radiation Protection 6E [Paperback]
Alan Martin, Samuel Harbison, Karen Beach, Peter Cole, CRC Press（2012/3/30）

〈マンハッタン計画とオッペンハイマー〉
＊ "American Prometheus: The Triumph and Tragedy of J. Robert Oppenheimer "
Kai Bird, Martin J. Sherwin, Vintage Books
翻訳は『オッペンハイマー「原爆の父」と呼ばれた男の栄光と悲劇』上・下
カイ・バード、マーティン・シャーウィン、PHP研究所（2007/7/19）
＊ "The Making of the Atomic Bomb"
Richard Rhodes, Simon & Schuster
翻訳は『原子爆弾の誕生』上・下　紀伊国屋書店（1995/7）
＊ 映像資料ではマンハッタン計画とオッペンハイマーの生涯に焦点を当てた Jon Else監督のドキュメンタリー映画 "The Day After Trinity"（1981）がDVDで入手できる。
『原子力は誰のものか』ロバート・オッペンハイマー（著）中公文庫（2002/1）

〈エンリコ・フェルミの生涯〉
『エンリコ・フェルミ―原子のエネルギーを解き放つ』
ダン・クーパー（著）オーウェン・ギンガリッチ（編集）　大月書店（2007/7）
『フェルミの生涯―家族の中の原子』
ラウラ・フェルミ　法政大学出版局（1977/2）
"Controlled Nuclear Chain Reaction: The First 50 Years "
American Nuclear Society（1992/12）

〈濃縮ウランのふるさと　オークリッジの歴史〉
City Behind A Fence: Oak Ridge, Tennessee, 1942-1946 [Paperback]
Charles W. Johnson, Charles O. Jackson　University of Tennessee Press（1981/3/27）
Secret City: The Oak Ridge Story - The War Years: Keith McDaniel

〈アイダホ国立研究所・試験場、原子炉暴走実験、SL-1事故〉
"Atomic America: How a Deadly Explosion and a Feared Admiral Changed the Course of Nuclear History "
Todd Tucker Bison Books（2010/11）
"Proving the Principle: A History of the Idaho National Engineering and Environmental Laboratory 1949-1999"
Susan M.Stacy, United States Government Printing（2000/10/6）
On the Home Front: The Cold War Legacy of the Hanford Nuclear Site, Third Edition [Paperback]

## 烏賀陽弘道（うがや・ひろみち）

ジャーナリスト。一九六三年、京都市生まれ。一九八六年に京都大学経済学部を卒業。朝日新聞社に入社。五年間の新聞記者生活を経て、一九九一～二〇〇一年『アエラ』編集部記者として、音楽・映画などポピュラー文化のほか医療、オウム真理教、アメリカ大統領選挙などを取材。一九九二年にコロンビア大学修士課程に自費留学し、国際安全保障論（軍事学・核戦略）で修士課程を修了。一九九八年から一九九九年までニューヨークに駐在。二〇〇三年に早期定年退職しフリーランスになる。記者、写真家として書籍とネットを中心に活動している。

主著に『完本　福島第一原発　メルトダウンまでの五十年――「第二の敗戦」への二十五時間』（悠人書院）、『フクシマ２０４６――原発事故 未完の収支報告書』（ビジネス社）、『原発難民――放射能雲の下で何が起きたのか』（ＰＨＰ新書）、『福島第一原発事故　10年の現実』（悠人書院）、『ＡＬＰＳ水・海洋排水の12のウソ』（三和書籍）など福島第一原発関連著書の他、『世界標準の戦争と平和――初心者のための国際安全保障入門』（悠人書院）、『フェイクニュースの見分け方』（新潮新書）、『「Ｊポップ」は死んだ』（扶桑社新書）『ウクライナ戦争　フェイクニュースを突破する』（ビジネス社）など多数。

筆者の取材は読者からの善意の「投げ銭」に支えられています。

＊銀行口座／ＳＭＢＣ信託銀行　銀座支店

普通　６２００５７５　ウガヤヒロミチ

筆者へのご連絡は左のメールアドレスをご利用ください。

hu7@columbia.edu

増補新版

# ヒロシマからフクシマへ
# ——原発《げんぱつ》をめぐる不思議《ふしぎ》な旅《たび》

2024年3月10日　初版発行

著　者　鳥賀陽弘道
編　集　福岡貴善
発行所　悠人書院
〒390-0877 長野県松本市沢村 1-2-11
電話／090-9647-6693
E メール／Yujinbooks2011@gmail.com

印　刷　株式会社プラルト

ISBN 978-4-910490-10-6 C0036

烏賀陽弘道

# 福島第一原発事故
# 10年の現実

二〇二一年、オリンピックイヤーは、福島を出発する聖火リレーで始まった
原発事故と津波で無人となった地を走る聖火ランナーとスポンサーの宣伝部隊
瓦礫の跡も生々しい浪江町に聳え立つ東日本震災・原子力災害伝承館
原発事故は過去のものとなり、「被災地」は復興を果したのだろうか？
丹念な取材と豊富なデータ、一〇〇点のカラー写真で
政府とメディアが覆い隠す「フクシマの現実」を描く